茗闻天下

泰顺三杯香茶

苏志利 主编

西泠印社出版社

HTH

茗闻天下

泰顺三杯香茶

编委会

序

文 / 王岳飞

世界茶乡看浙江，浙江绿茶数泰顺。在如今品牌群雄并起的时代，泰顺“三杯香”茶叶区域公用品牌近年来可谓异军突起、深入人心。作为全国重点产茶县、中国茶业百强县、中国茶叶之乡、中国名茶之乡，也是著名的《采茶舞曲》诞生地的泰顺，具有得天独厚的地理和资源优势，悠远的历史与深厚的文化底蕴。

近年来，泰顺始终把发展生态产业作为重中之重，持续探索生态产业发展的转型之路、崛起之路、赶超之路，以品种、品质、品牌为重点，聚焦当地茶叶发展，通过“三茶”统筹，实现质量兴茶、品牌强茶，带动农民增收致富。如今的泰顺已奋力走出一条具有其显著特色的茶产业发展路子，形成“生态优质好茶”的产品定位、“高端大众两相宜”的市场定位，塑造高性价比、高市场占有率、高认可度的产品形象。

为深入贯彻落实习近平总书记关于“三茶”统筹发展的重要指示，做好茶文化文章，本书收录了泰顺县首届茶文化艺术创意大赛——“茶之缘”征文比赛的所有获奖作品以及有关泰顺茶产业的优秀文章，全面展示了泰顺县茶文化的历史底蕴、民俗风情及“三杯香”区域公共品牌的形象，将助力“三杯香 · 共富茶”的文化影响力提升和服务茶产业发展，也将为泰顺县茶产业的高质量发展赋能。

古往今来，茶作为开门七件事之一，乃生活必备品。

人生尔尔，最闲适之时不过是杯中有茶、手中有书。

“静坐将茶试，闲书把叶翻。”茶香、书韵，二者相辅相成。一杯好茶不仅能养生，亦可怡情；一本好书不仅能汲取知识，更能激发情感的共鸣。

我们说：“名句千古颂，经典永流传。”我们也说：“典籍如灯，可照亮世人。”在收录的作品集里，我们看到了茶友的真挚与深沉、歌颂与赞扬，也看到了泰顺茶产业发展一派欣欣向荣、蒸蒸日上的新气象，于产业，是成果展示；于茶人，是精神慰藉。全书内容丰富，笔触细腻，对于了解泰顺茶产业与茶文化的发展有重要参考价值，将进一步弘扬茶人精神和茶文化，也将对提升茶文化内涵和茶艺水平、促进茶产业振兴起到积极作用，全面推动泰顺茶产业健康可持续发展。

王岳飞
国务院学科评议组成员　浙江省茶叶学会理事长
浙江大学茶叶研究所所长　浙江大学教授

目录

“三茶”融合之泰顺经验

文／林伟群　蔡顶晓　胡文露

这里，以茶兴农；

这里，因茶而美；

这里，是《采茶舞曲》诞生地，富氧好茶“三杯香”的原产地——泰顺。

从打赢脱贫攻坚战到助推乡村振兴，茶产业发展的使命接续而来。泰顺作为全国和浙江省茶叶生产优势区域之一，是国家级生态示范县，产茶自然生态条件得天独厚，产茶历史悠久。近年来，泰顺茶产业发展迅速，整体呈现出持续向好的发展态势，也为我国其他产茶县区提供了可借鉴的经验与模式。全国产茶县区众多，泰顺为何脱颖而出？对此，我们走进泰顺，深入产区一探究竟。

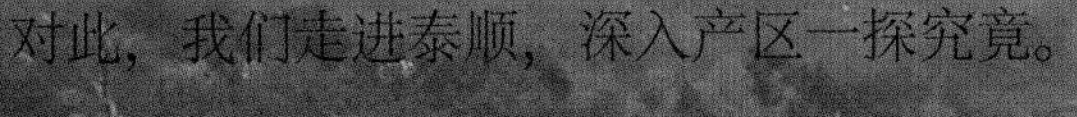

历史底蕴赋灵魂，人文荟萃出好茶

厚重的历史积淀赋予了泰顺茶叶深厚的文化灵魂。

明崇祯六年（1633），《泰顺县志》记载："茶，近山多有，惟六都泗溪、三都南窍独佳。"可见，在明朝时期泰顺就已普遍种植茶叶。

清末至民国时期，泰顺南部古道边的五里牌、彭溪、富垟等村设有多家茶行，经营锡红茶及泰顺黄汤、香菇寮白毫茶等名茶，远销福州、上海、天津，甚至出口至新加坡等地。那时村落中的宫庙、宗祠等被用作制茶、拣茶场所。茶商南来北往，人们在品茶交流的愉悦氛围中完成茶叶交易。其间，有名茶由来的传奇故事，有茶商协助建飞虹桥以连通商道的义举，有茶商带领乡民御敌的英风，也有独属于那个年代的茶文化风情。

新中国成立后，泰顺炒青一直作为上海口岸公司和浙江茶叶公司出口眉茶的拼配原料，被誉为"浙江绿茶的味精"，产品销往40多个国家和地区，广受赞誉。泰顺先后被列为全国重点产茶县、眉茶出口基地县、中国茶叶之乡、中国名茶之乡。

泰顺人崇尚自然，民风淳朴，垦山种茶，巧手制茶，会友品茶，把对茶的特殊感情融入自成特色的民俗风情，底蕴深厚的茶文化得到弘扬和传承。明代唐、祝、文、周四才子在游览浙南泰顺时，曾合作茶诗"午后昏然人欲眠，清茶一口正香甜。茶余或可添诗兴，好向君前唱一篇"。泰顺有茶的民谣，有各种各样茶俗，有《茶楼奇遇》小品剧和脍炙人口的《采茶舞曲》等。《采茶舞曲》是我国著名的音乐家、戏剧家周大风先生1958年在深入泰顺茶乡体验生活后创作的，当时得到周恩来总理的高度评价和赞赏。由于《采茶舞曲》节奏欢快、格调优雅，至今在国内外乐坛传唱不衰，深受百姓喜爱，1983年被联合国教科文组织定为"亚太地区风格的优秀音乐教材"，泰顺作为创作的发源地也随之扬名。2005年，经周大风先生同意，《采茶舞曲》被正式定为泰顺县县歌。

泰顺"三杯香"茶，正是在这片有着400多年产茶历史，有着深厚茶文化底蕴的土壤中孕育并发展起来的，在传承与创新中不断得到升华。

谋篇布局兴产业，凝神聚力谋发展

2021 年，泰顺县茶园总面积 8.8 万亩（其中开采茶园 7.5 万亩、幼龄茶园 1.3 万亩），比上年增加 2000 亩；茶叶总产量 4043 吨、总产值 4.38 亿元，分别比上年同期增长 6.25% 和 6.8%，荣获全国茶叶百强县称号。近年来，泰顺县茶叶主导品牌“三杯香”的知名度和美誉度不断提升，“三杯香”茶叶区域品牌价值评估达 16.16 亿元。

一直以来，泰顺县在茶产业发展方面做了很多工作。对此，我们专访了作为决策者之一的泰顺县政协党组副书记、副主席，县茶产业发展工作领导小组副组长童德平，条分缕析泰顺近年来的发展历程。他表示，茶产业发展的最终目标是让农民富起来，经过几年高速发展，如今，茶农已意识到茶产业能够增收致富，茶农种茶有了奔头，积极性也大大提高。

近年来，中共泰顺县委、县政府十分重视茶产业发展，不断谋划产业发展思路，制定相关扶持政策。为了深入实施浙江泰顺茶产业“五个一、五个十”发展战略，泰顺持续做大做优品牌、做强做精产业、做深做细服务，构建茶产业、茶生态、茶经济、茶旅游和茶文化有机融合、协调发展的茶产业体系，全力创建“茶叶全产业链发展示范县”，推动泰顺县向现代茶业强县迈进。

2005 年，中共泰顺县委、县政府针对全县茶叶品牌多、规模小的实际，把“三杯香”品牌确定为全县茶叶主导品牌，成立了泰顺县茶业管理委员会，出台了《关于加强泰顺县茶叶品牌管理实施意见》《“三杯香”证明商标使用管理政策法规与技术规范》等一系列的管理办法，集中力量推进品牌整合；在重点产茶乡镇成立了茶叶产业发展领导小组，切实加强对茶叶工作的组织、协调、引导，切实加大对茶叶工作的领导力度，定期研究解决当地茶叶发展中遇到的各种问题。

2018 年，泰顺县以政府名义专门委

托上海复为品牌策划公司为“三杯香”品牌重新做了规划与设计。如今，“三杯香”品牌重新规划的产品设计路径已是清晰可见。经过重新定位与梳理，寻找到了准确的市场定位，经过量身打造的泰顺“三杯香”走出了以“富氧之地，富养好茶”为理念的区域公用品牌发展之路。泰顺“三杯香”分出“白云尖”“廊桥香芽”高端品牌及“香菇寮白毫”特种茶品牌，彻底摆脱了世袭外销大众炒青绿茶的影子，由性价比高的口粮茶变成让人惊艳值得细品的中高档绿茶。并且在有了专业的产品设计之后，泰顺县又利用专业媒体的传播力量，精准、高效、全面地推广了泰顺“三杯香”品牌。

2020 年，泰顺县农业农村局委托中华供销总社杭州茶叶研究院编制《泰顺县茶产业发展规划暨转型升级三年行动计划》，明确了泰顺县茶产业转型升级的思路方向。纵观规划，根据茶产业分布情况，综合考虑各乡镇资源条件和产业基础，泰顺县的茶产区被划分为核心产茶区、重点产茶区和一般产茶区，正在加速构建“2310”——“两廊三区十村”的茶产业发展布局，拓展延伸茶产业链条，加速茶、文、旅、康等多产业深度融合，力争“第一个三年”过后，泰顺县茶产业综合产值突破 20 亿元。

根据《泰顺县茶产业发展规划暨转型升级三年行动计划》，泰顺县茶产业发展中心制定了《2022 年茶产业发展工作计划》，通过产业优化布局、明确目标定位、做强品牌效应、加大扶持力度等一系列措施，为 2022 年的泰顺茶谋篇布局。计划 2022 年全县茶园面积达到 9 万亩，茶叶总产量 4000 吨，总产值 4.5 亿元，实现年总销售额 6 亿元，产业链综合产值超 12 亿元，“三杯香”公用品牌评估价值提升 10% 以上。

科技赋能强品质，转型升级开新篇

近年来，泰顺十分重视茶产业的培育，以优化品种、品质、品牌为重点，着力培育龙头企业，开拓市场，切实提高茶产业综合效益，推动产业升级，促进茶叶产业持续健康发展。目前，“三杯香”的“香菇寮白毫”等品种成为人们交口称赞的国内名茶。如今的泰顺“三杯香”茶，秉承炒青绿茶的特质，创新工艺、精细制作，已成为绿茶当中的上品。泰顺“三杯香”茶先后荣获国际名茶金奖、中茶杯、“国饮杯”等近百项荣誉，在1992年首届中国农业博览会上获“银质奖”，曾作为北京人民大会堂、北京钓鱼台国宾馆指定用茶。

2012年，泰顺县茶叶特产局成立了陈宗懋院士专家工作站。一直以来，泰顺县茶叶特产局总站院士专家工作站紧紧围绕中共温州市委人才办、温州市科协提出的院士工作站建设工作部署，以实施院士智力集聚工程为统领，大力推动创新驱动发展战略，在工作站运行实效上提质量，在茶产业升级上做文章，围绕中共温州市委西部生态休闲产业战略，通过“院士工作站+企业+基地+农户”发展模式，继续做好联合攻关茶叶产业关键、共性技术，深化合作项目，联合培养人才，科技成果转化及产业化等工作，取得了较好成效。

依托院士专家工作站和省特派员科技服务队的技术优势，泰顺加大对名优红茶、白茶和黄汤等“三杯香”系列产品加工工艺技术攻关，引进清洁化初制加工生产线和先进的智能化生产设备，开发茶食品、茶提取物等茶深加工产品，合理整合茶叶加工资源，促进茶产业持续健康发展。

2022年，泰顺县会继续推进科技应用与现代化加工升级，依托中央产业集群项目，提升茶叶加工水平。中央产业集群项目——浙南生态早茶优势特色产业集群项目，第一批完成潮宏茶叶加工厂、东尚茶文化现代农业科技园茶叶加工园、泰龙茶叶加工中心、心博廊芽茶厂建设项目，总投资达4500万元。第二批项目，乡茗家庭农场茶叶生产设备引进、万兴初制茶厂改建及设备引进、爱雪茶叶初制加工厂建设、廊芽初制茶厂新建，已陆续启动，总投资2000万元，进一步提升泰顺县茶叶生产加工能力。

“茶”路相逢“勇”者胜，异军突起显态势

一直以来，泰顺始终坚持把茶产业作为特色的优势产业和农业支柱产业来扶持与发展，把它作为效益农业、绿色生态农业的支柱产业来培育，以优化品种、品质、品牌为重点，着力培育龙头企业，加快加大打造“三杯香”品牌，不断提高“三杯香”茶的市场竞争力和知名度，茶叶质量和效益不断提高，如今已呈现出良好的发展态势，具体体现在以下方面。

基地建设成效显著。近年来，泰顺实施了中央现代农业发展资金项目、群众致富奔小康省特别扶持项目、两山一类财政激励政策、中央产业集群项目（浙南生态早茶优势特色产业集群项目）等众多项目，政策扶持资金投入超 1 亿元。近 5 年来，全县累计新发展良种茶园 12000 亩（年均新发展 2400 亩），改造低产低效茶园 20000 多亩，实施机采茶园 30000 多亩，推广新型绿色防控技术 50000 多亩，基地基础设施有了明显改善；创建了茶叶科技示范乡镇 3 个、科技示范基地 4 个，实施标准化茶园建设 21 个 10000 多亩，“三品”认证基地面积达 32000 亩，23 家企业获得“绿色食品”认证，2 家企业获得“有机食品”认证；被列入农业农村部（原农业部）标准化茶园创建县名单，被评为浙江省茶树良种化先进县；已创建 1 个省现代农业综合区，1 个省茶叶主导产业示范区，1 个省级茶叶精品园，5 个省级生态示范茶园，4 个茶场获评省“五园”创建生态茶园，2019 年仕阳镇万排茶园荣获“中国美丽茶园称号”。

加工环境得到改善。为提升茶叶加工和研发技术水平，泰顺县合理地整合了茶叶加工资源，新建和改造茶厂 50 家，建成省、市级茶叶研发中心 8 个，引进清洁化名优茶生产流水线 12 条，完成 3000 吨茶叶精加工项目，茶厂布局逐步趋向合理，厂区环境得到进一步优化，加工设施和配套设施进一步完善，卫生安全隐患减少，茶叶抽检和企业送检未出现事故，28 家茶厂通过 SC 认证，3 个茶厂被评为省标准化示范茶厂，6 个茶厂被评为省标准化名茶厂，5 家茶企通过质量体系认证，4 家茶企荣获“县长质量奖”。全县获茶叶加工专利授权 60 多个，其中发明专利 1 个，新型实用专利 20 多个，初步形成了以绿茶为主，白茶、黄茶、青茶多茶类生产格局，被评为浙江省茶厂优化改造先进县，获浙江省农业科技进步奖一等奖 1 项。

品牌建设取得成效。经历了品牌整合之后的泰顺“三杯香”，如今涅槃重生，强势崛起。2009 年“三杯香”成功注册中国地理标志证明商标，2010 年获农业农村部（原农业部）“农产品地理标志”登记，2010 年获国家质检总局“中国地理标志保护产品”登记，2011 年“三杯香”证明商标被国家市场监督管理总局（原工商行政管理总局）认定为中国驰名商标，2019 年“三杯香”农产品地理标

志获中欧互认，泰顺“三杯香”茶入选中国农业品牌目录和全国名特优新农产品目录。当地先后3次修订了《“三杯香”茶生产技术规程》市级地方标准，制作了品牌产品实物标准样；在北京、上海、天津、杭州、济南举办了多场品牌推介活动，冠名举办省市级茶事活动4次，组织企业参加省级以上茶叶展会（茶博会）50多场次，在中央电视台国防军事频道、“茗边头条”等媒体进行宣传。茶叶产品进入中国茶叶博物馆，先后荣获国际名茶金奖、中茶杯、“国饮杯”等近百项荣誉，曾作为北京人民大会堂、北京钓鱼台国宾馆指定用茶。2019年，泰顺制定《泰顺县茶产业品牌策划11186战略规划》，举办了全省茶歌大赛暨茶文化节、“最美茶艺丽人”大赛、“泰顺县十大制茶工匠”评比、泰顺茶文化知识大赛等系列活动，不断提升泰顺“三杯香”品牌知名度和影响力。“三杯香”商标2006年被认定温州市知名商标，2009年被评为省著名商标，2011年被认定为中国驰名商标，2019年入选“中国农业区域公共品牌目录”，2020年成功入选“中欧地理标志协定”。

龙头企业加大扶持。近年来，在市场机制作用和政策扶持下，茶叶行业内部正在加紧整合科研、生产、加工、流通等方面的力量，逐步推进茶叶产业化经营，涌现了一批新型茶叶生产经营组织，提高了产销组织化程度，促进了产销衔接，延长和完善了茶叶产业链，逐步提高了产业水平与竞争力。目前，全县拥有茶叶企业100多家，茶叶专业合作组织200多个，其中浙江省骨干农业龙头企业3家，省级科技型企业11家，温州市“百龙工程”农业龙头企业9家，茶叶精加工企业1家，茶食品加工企业1家，泰顺县茶业协会被评为5A级社团组织、浙江省创业协会先进单位、浙江省实施商标品牌战略十大示范组织、中国科普惠农兴村先进协会。2021年，泰顺在全国5个城市（北京、上海、天津、杭州、温州）布局“三杯香”品牌形象店，并在雅阳镇规划建设茶叶市场综合体（占地30亩，计划投资20000万元），进一步提升茶产业的竞争力。

茶旅融合焕发活力。2009年，《泰顺县茶志》编纂委员会成立，着手编纂《泰顺县茶志》，并于2012年由中国农业科学出版社出版。泰顺县组建具有泰顺特色的茶艺、《采茶舞曲》、木偶戏表演队，拍摄《茶旅天下》专题片，深受观众喜爱；2012年拍摄《三杯香》宣传片（2019年、2020年重新拍摄），2017年举办了纪念周大风先生《采茶舞曲》创作45周年活动，东溪乡建设了周大风《采茶舞曲》纪念馆等。2019年，中央电视台拍摄《乡土·魅力茶乡》专题片并在国防军事频道播出，县农业农村局建设了茶文化展示厅，仕阳镇在万排社区建设了茶博馆。2021年，当地委托中国农业电影电视中心拍摄《泰顺：红色印记　魅力茶乡》宣传片，在“CCTV新视听”和“NewTV极光”两个平台“乡村振兴”频道播出；结合廊桥文化、木偶文化和泰顺旅游丰富资源，开通 4 条茶旅游线路，宣传泰顺茶叶品牌和茶文化，2020 年“泰顺廊桥—‘三杯香’有机示范茶园—畲乡农情文化游”被评为浙江省十大休闲观光农业精品线路，2021 年获得了“全国百条红色茶乡旅游路线”称号，畲乡被评为全国区域特色美丽茶乡。

发展环境不断优化。中共泰顺县委、县政府成立了泰顺县茶业管理委员会，重点产茶乡镇成立了茶叶产业发展领导小组，切实加强对茶叶工作的组织、协调、引导，切实加大对茶叶工作的领导力度，定期研究解决当地茶叶产业发展中遇到的各种问题。2011 年《关于加快茶叶发展奖励办法》出台，2019 年《泰顺县茶产业发展“五个一、五个十”实施意见》出台，2020 年《关于推进泰顺县茶叶产业绿色高质量发展的扶持办法（试行）》出台。2017 年当地举办泰顺县茶产业发展研讨会，2020 年举办泰顺县茶产业发展大会，2020 年委托中华供销总社杭州茶叶研究院编制《泰顺县茶产业发展规划暨转型升级三年行动计划》。2012 年，泰顺成立了茶叶院士专家工作站，并于 2015 年获得省级院士专家工作站称号，以实施院士智力集聚工程为统领，大力推动创新驱动发展战略，在工作站运行实效上提质量，在茶产业升级上做文章，通过“院士工作站 + 企业 + 基地 + 农户”发展模式，继续做好联合攻关茶叶产业关键、共性技术，深化合作项目，联合培养人才，科技成果转化及产业化等工作，取得了较好成效。

未来，泰顺县将继续以特色品牌打造为重点，加大品牌管理、宣传和推广力度，进一步做大做强泰顺“三杯香”品牌；以产业化经营为方向，将茶产业作为效益农业、生态农业的支柱产业进行培育，全力打造年产值超 15 亿元的茶产业链，建设泰顺县茶产业科技创新服务综合体；探索茶产业数字化改革，建设数字茶博馆，建立“三杯香”茶产业数字化平台，开展“浙农码”应用，开展智慧茶园试点工作；推进生态高效茶园基地建设，保护和推广本地良种，开展生态茶园建设，推进机采示范茶园建设；还将以优质化的服务为保障，完善茶产业扶持政策，营造茶产业发展的良好氛围，让世界人民都感受到泰顺“三杯香”茶的文化魅力，品味生态富氧茶的优异品质。

念好茶业“致富经”
绿色发展看泰顺

文 / 孙状云　胡文露

泰顺，一座浙南边陲的山城，是全国和浙江省茶叶生产优势区域之一，素有全国重点产茶县、眉茶出口基地县、中国茶叶之乡、中国名茶之乡等美誉。茶产业是泰顺重点扶持发展的主导和支柱产业，茶产业的高质量发展对促进农业结构调整、增加农民收入、产业兴旺和乡村振兴发挥着重要的作用。2019 年，全县茶叶总产量 3540 吨，总产值达 3.62 亿元，茶产业从业总人数 4.09 万人。目前，泰顺县茶园面积达 8.6 万亩，开采茶园面积达 7.4 万亩（幼林园 1.2 万亩）。泰顺茶以优质的气候资源条件，浓厚的文化底蕴内涵，独特的品质特征特性，标准的生产管理服务，丰富多样的系列产品，完善的组织保障体系，正实现以一片叶子带动乡村特色产业兴旺和造福一方百姓的愿景。

自然资源铸品质，人文荟萃出好茶

《采茶舞曲》诞生地，富氧好茶出泰顺。泰顺境内群山连绵，云雾弥漫，雨量充沛，气候温和，光照充足，土壤有机质含量丰富；森林覆盖率达到76.59%，每立方厘米负氧离子含量最多达10万个，2018年被授予“中国天然氧吧”的称号，有“九山半水半分田”的地理特征。得天独厚的自然条件和气候环境为产茶创造了有利条件。

泰顺县产茶历史悠久。明崇祯有《泰顺县志》记载：“茶，近山多有，惟六都泗溪、三都南窍独佳。”以馥郁香气醇味见长的泰顺茶叶，早在明清，就远销马来西亚、新加坡等东南亚地区。新中国成立后，泰顺炒青绿茶一直作为上海口岸公司和浙江茶叶公司出口眉茶的拼配原料，被誉为“浙江绿茶的味精”，产品销往40多个国家和地区。

悠久厚重的茶文化底蕴呈现了泰顺敦厚淳朴的民风。泰顺人崇尚自然，民风淳朴，垦山种茶，巧手制茶，会友品茶，把对茶的特殊感情融入自成特色的民俗风情，有着深厚底蕴的茶文化得到弘扬和传承。明代唐、祝、文、周四才子在游览浙南泰顺时，曾合作茶诗：“午后昏然人欲眠，清茶一口正香甜。茶余或可添诗兴，好向君前唱一篇。”有茶的民谣、各种各样茶俗、有《茶楼奇遇》小品剧和脍炙人口的《采茶舞曲》等。《采茶舞曲》是我国著名的音乐家、戏剧家周大风先生1958年在深入泰顺茶乡体验生活后创作的，当时得到周恩来总理的高度评价和赞赏。由于《采茶舞曲》节奏欢快，格调优雅，至今在国内外乐坛传唱不衰，深受百姓喜爱，泰顺作为创作的发源地也随之扬名。《采茶舞曲》在1983年被联合国教科文组织定为“亚太地区风格的优秀音乐教材”。

科技赋能助茶兴，转型升级强产业

近年来，泰顺重视茶产业的发展，以优化品种、品质、品牌为重点，着力培育龙头企业，开拓市场，切实提高茶产业综合效益，推动产业升级，促进茶叶产业持续健康发展。目前，“三杯香”茶的“仙瑶隐雾”“承天雪龙”“香菇寮白毫”等品种成为人们交口称赞的国内名茶。如今的泰顺“三杯香”茶，秉承炒青绿茶的特质，创新工艺、精细制作，已成为绿茶当中的上品。泰顺“三杯香”茶先后荣获国际名茶金奖、中茶杯、“国饮杯”等近百项荣誉，在1992年首届中国农业博览会上获银质奖，曾作为北京人民大会堂、北京钓鱼台国宾馆指定用茶。

2012年，泰顺县茶叶特产局成立了陈宗懋院士专家工作站。一直以来，泰顺县茶叶特产局总站院士专家工作站紧紧围绕中共温州市委人才办、温州市科协提出的院士工作站建设工作部署，以实施院士智力集聚工程为统领，大力推动创新驱动发展战略，在工作站运行实效上提质量，在茶产业升级上做文章，围绕中共温州市委西部生态休闲产业战略，通过“院士工作站＋企业＋基地＋农户”发展模式，继续做好联合攻关茶叶产业关键、共性技术，深化合作项目，联合培养人才，科技成果转化及产业化等工作，取得了较好成效。

依托院士专家工作站和省特派员科技服务队的技术优势，泰顺加大对名优红茶、白茶和黄汤等“三杯香”系列产品加工工艺技术攻关，引进清洁化初制加工生产线和先进的智能化生产设备，开发茶食品、茶提取物等茶深加工产品，合理整合茶叶加工资源，促进茶产业持续健康发展。

量身打造迎突破，品牌打造新动能

泰顺县在“三杯香”品牌打造上探索出了一条专业路径。“专业策划＋专业设计＋专业传播”，以推倒重来的创新，融入了重新市场定位的产品设计，以产品品牌来做实区域公共品牌。现在，“三杯香”是老百姓喝得起的好茶，更是玩家也争着探究的韵味无穷的好茶。

2005 年以来，中共泰顺县委、县政府针对茶叶品牌多、规模小的情况，把“三杯香”品牌确定为全县茶叶主导品牌，成立了茶叶品牌管理委员会，出台了一系列管理办法，集中力量推进品牌整合。2010 年，“三杯香”茶分别通过国家质检总局地理标志产品登记和农业农村部（原农业部）地理标志农产品登记，“三杯香”成功注册中国地理标志证明商标，泰顺出台了《三杯香地理标志证明产品保护管理办法》等规范性文件，全面启动“统一品牌、统一标准、统一监管、统一宣传”四位一体的管理办法，制订了《地理标志产品三杯香茶生产技术规程》省级地方标准，修订了“三杯香”茶市级地方标准，制作了品牌产品实物标准样，建成了温州市茶叶检测中心，进行定期检查检测，加强监管。“三杯香”品牌得到了有效的保护，推动了“三杯香”公用品牌的创建。

2018 年，泰顺县以政府名义专门委托上海一家品牌设计公司为“三杯香”品牌重新做了规划与设计。如今，“三杯香”品牌重新规划的产品设计路径已是清晰可见：以产品品牌为魂，拓展区域公用品牌“三杯香”的内涵与外延，以顶级茶，特级好茶，较普遍的一、二级茶三个品级来呈现。“香菇寮白毫”茶，是泰顺“三杯香”中的极品，以采自香菇寮茶树品种一芽一、二叶初展的鲜叶为原料，采用传统工艺制作，炭火烘焙，具有兰花香特质。“白云尖”，为泰顺“三杯香”的特级产品，采用一芽一叶初展的小叶种鲜叶制作，其滋味鲜爽、清香怡人。特级茶品类里还有“飞云剑”，特指泰顺“三杯香”中的扁形茶，采用一芽一、二叶初展的小叶种鲜叶制作，其茶汤清亮，香气怡人。此外，还有“廊桥香芽”和“承天春雨”，分别为泰顺“三杯香”的一级茶和二级茶。

经过重新定位与梳理，寻找到了准确的市场定位，经过量身打造的泰顺“三杯香”走出了以“老百姓喝得起的好茶”为理念的区域公用品牌发展之路，彻底摆脱了世袭外销大众炒青绿茶的影子，由性价比高的口粮茶变成让人惊艳、值得收藏细品的口粮茶。并且在有了专业的产品设计之后，泰顺县又利用专业媒体的传播力量，精准、高效、全面地推广了泰顺“三杯香”品牌。

开拓市场抓机遇，提升品牌影响力

近年来，泰顺始终坚持“引进来”“走出去”相结合的战略，在北京、上海、天津、杭州、苏州等地举办数场活动进行宣传推介。特别是 2019 年在北京举办的“《采茶舞曲》诞生地 富氧好茶出泰顺”——泰顺“三杯香”品牌推介会，由中共泰顺县委书记陈永光亲自带队，邀请了全国茶叶界知名人士、专家学者、茶企负责人和经销商 150 多人，有 7 项内容与相关单位现场签约，有 20 多家媒体到场采访，70 多家媒体对这次活动进行全方位的报道，产生了新闻轰动效应，推介效果十分显著。泰顺冠名举办省市级茶事活动 4 次，组织企业参加省级以上茶事活动 50 多场次。

泰顺鼓励市场主体设立“三杯香”茶品牌营销店、茶文化展示馆（厅）、主题茶馆（楼），进一步提升“三杯香”区域公共品牌知名度、美誉度。同时，借助电商、微信等线上平台，实现电商、微商、店商“三商”融合营销，实现市场销售途径与渠道的不断拓展。

一曲茶歌兴文旅，文化底蕴深厚是泰顺茶产业独有的气质。近年来，泰顺县深入发掘和传承《采茶舞曲》、泰顺茶俗、茶故事等茶文化资源，丰富茶文化内涵，建设周大风茶博园及有关茶文化展示馆等配套设施，注重品牌建设与茶文化相融合，以茶文化叠加泰顺生态优势，唱响茶旅融合之曲。

夯实发展筑根基，凝神聚力谋发展

泰顺茶产业的发展以无可替代的生态环境优势、灿烂的茶文化历史培育了独具特色的“三杯香”品牌。近年来，泰顺县依托绿色生态和丰富的茶资源优势，把茶产业作为增收、扶贫的载体，因茶兴业，以茶致富，奏响茶产业致富的“幸福曲”。同时积极拓展国外市场，以正确的销售策略和品牌打造战略，通过品牌重组、产业拓态、精英培育、科技文化合力助推、市场客户有效对接、政策引导持续加力等方法助推泰顺茶产业发展，茶产业发展根基不断夯实，实现一路稳扎稳打。

未来，泰顺将以特色品牌打造为重点，加大品牌管理、宣传和推广力度，进一步做大做强泰顺“三杯香”品牌；以产业化经营为方向，将茶产业作为效益农业、生态农业的支柱产业进行培育，全力打造年产值超 10 亿元的茶产业链，建设泰顺县茶产业科技创新服务综合体；还将以优质化的服务为保障，开展茶产业发展规划编制，完善茶产业扶持政策，营造茶产业发展的良好氛围。泰顺力争把茶产业持续做大做强，把泰顺建设成浙江乃至全国的现代茶业强县，让世界人民都感受到泰顺“三杯香”茶的文化魅力，品味生态富氧茶的优异品质。

悠悠商道造就百年名茶

文 / 陈能雄

泰顺是中国茶叶之乡，制茶历史悠久。清代末期至民国时期，泰顺南部古道边的五里牌、彭溪、富垟等村设有多家茶行，经营锡红茶及泰顺黄汤、香菇寮白毫茶等名茶，远销福州、上海、天津等地，甚至远销新加坡，开辟出一条早期泰顺茶商的商贸之路。那时村落中的宫庙、宗祠等被用作制茶、拣茶场所，茶商南来北往，人们在品茶交流的愉悦氛围中完成茶叶交易。其间，有名茶由来的传奇故事，有茶商协助建飞虹桥以连通商道的义举，有茶商带领乡民御敌的英风，也有独属于那个年代的茶文化风情。

串联于古道上的茶行

泰顺县山峦连绵，水净气清，气候温和，常年云雾缥缈，雨露丰沛，滋养出香高味醇的茶叶。崇祯《泰顺县志·货之属》中记载茶叶：“近山多有，惟六都泗溪、三都南窍独佳。”可见，在明朝时期泰顺就普遍种植茶叶。

泰顺茶叶为各地专家交口赞誉则从近代开始，如民国周承湛在《杂谈温区茶业》中写道：“论品质，泰顺为最高，泰顺全境是一个山区，当人们踏进这山区时，就像堕入云雾世界，全境山岑纵横重叠，自然环境所赋予它的植茶优良条件，使茶叶的先天品质也优美得多了。”

周承湛亲品云雾仙境中的佳茗，不吝溢美之词将泰顺茶叶评为温区最佳。那么多专家纷至沓来，深入山区调研泰顺茶业。抗战时期，为了管控茶叶等特产，浙江省设立油茶棉丝管理处，将泰顺五里牌设为重要据点，派员前来管理茶厂。

彭溪镇五里牌村东至福鼎苏家山五里，西距泰顺玉塔五里，南离福鼎叠石五里，北达泰顺彭溪村五里，由此得名“五里牌”，亦因与闽界山水相连、唇齿相依的独特地理优势，在清代末期至民国时期成为重要茶叶生产贸易区。那时五里牌未通电话，未设邮局，距离罗阳县城“约130里”，而到平阳桥墩门（今属苍南县）只有“约70里”，邮电通信主要靠桥墩门转达。再则彭溪一带有不少家族是平阳移民，历史、地理、民俗上的亲近感，使得他们与平阳茶商贸易频繁。著名制茶与茶叶审评专家陈观沧曾在浙江省油茶棉丝管理处任技术员，他在《浙江温红之著煤》中写道：“浙江红茶分布于温处区，以平阳、泰顺为主要产地。”

陈观沧文章标题中的“温红”指温州红茶，也包含泰顺红茶。彭溪有不少家族从闽南迁徙过来，受闽地风俗影响，爱喝红茶。民国时，五里牌茶农主要制作两种红茶：一名为土红，可能是农家晾晒揉捻而成的粗制红茶；另一种是精制红茶，名唤“锡红”。省油茶棉丝管理处的技术员点评锡红茶“制造程序完备，发酵得当，叶质鲜嫩，已可与祁红（祁门红茶）媲美，售价亦高”。这是相当高的评价。要知道祁门红茶是中国十大名茶之一，有“红茶皇后”之誉，锡红却可以与其相提并论。只可惜当时茶农资金薄弱，设备简陋，锡红产量不多，技术员为此呼吁政府能为五里牌茶农提供制茶设备贷款。如今过去80多年，泰顺已经几乎无人知道曾有“锡红”这样的优质茶。据玉塔茶场职员猜测，锡红之名的由来，或许是因为五里牌一带产的茶毫红中带白，犹如一根锡丝。

尽管设备简陋，但五里牌制作红茶的技术还是受到专家的肯定。1940年《浙江农业》刊载古文亨的文章《温红改良之必要途径》说：“（温红）产量最多之处为泰顺五里牌一带及平阳之南港……制造技术较进步之处，亦当首推泰顺之五里牌一带，其他各处则甚粗放。”

看来，五里牌的红茶在民国时期的温州，不论是规模产量，还是技术品质，都处于领先位置。据民国《浙茶通讯》报道，截至 1940 年 7 月，泰顺境内茶厂在省油茶棉丝管理处核准登记的有 9 家，分别为五里牌的洪元、乾泰、福源，彭坑（今彭溪村）的钟万利，富垟的林源兴，雅阳官口垅的何日升，南溪的永和春，下桥的复春、春生。

在 9 家茶厂中，单单五里牌就占据三席，若再加上彭溪村、富垟村，在今彭溪镇境内的茶厂就占了泰顺的“半壁江山”。当然，也可能是受当时历史条件所限，有些彭溪之外的茶厂还未申请登记，又或是因某些茶厂规模较小，尚未合格。但不管如何，凭此已经足以说明五里牌是当时泰顺乃至温州的重要的产茶区。

细究 9 家茶厂坐落的位置，会发现它们是以五里牌为中心，如同串联于同一条古道上的几颗明珠。在五里牌村北面原有一座巨大的石拱门，是当年防敌御寇的关隘。

关隘遗址外有一条三岔古道。一条进入村内。一条北上经过官口垅的何日升茶厂，南溪（今泗溪镇南溪村）的永和春茶厂，泗溪下桥的复春、春生茶厂，去往罗阳县城。一条往东北途经彭溪钟万利茶厂、富垟林源兴茶厂，去往桥墩门等地。泰顺茶商将茶叶挑到桥墩门，再转运到鳌江码头，装货上船，销往各地。那时，关隘外古道的商客挑夫来往不绝，这其中就有来五里牌收购茶叶的平阳茶商。

于是，在这个今天看来崎岖偏僻的岔道边林氏、陈氏、叶氏三家旅馆先后开设，为北上东去的商客提供休息之所，此地得名“双栖路”。

洪禧记的拣茶风情与商贸路

关隘遗址南面有条进村的石阶，原是五里牌古街，一直延伸至古戏台旁，以前开有南货店、糕饼店、豆腐店等。走下石阶，通过石桥，古街左边有座残旧的古民居，从木板门窗的样式就可知是家旧式的杂货店。听村民说，民国时期这里有家“洪禧记”（一作“洪叶记”）茶行，是当地大老板洪昭翠开办的，“洪禧记”或许就是“洪元”茶厂。洪昭翠一家在当时村里算是较有文化修养的，他的哥哥洪昭镌是贡生，洪昭议是国学生，洪昭瓶是庠生。洪昭翠本人职名“洪文英”，可见是有职衔的人物。他的阅历见识培植商贾的人格素养，他的交往人脉又拓宽生意门路。

洪禧记主营红茶，也生产销售绿茶、白茶、黄汤等，除了自制茶叶外，也对外收购毛茶。每年新茶上市的季节，洪禧记每日都加班加点地制茶，职工对毛茶进行严格筛选。他们采用六种孔隙不同的篾筛过滤，第一次将毛茶放入大孔篾筛摇晃几下，细嫩的茶叶顺着缝隙落在下面，留在篾筛上面的粗叶另外放一堆，这是次等茶叶。之后，再将初次过滤的茶叶依次用逐级递减的小孔篾筛过滤，到第六个小孔篾筛过滤出的茶叶就是最优等的茶叶。

若是要求再高些，还会用风选机扇下。风选机与农家的米扇相似，下端开有三个漏斗口。职工在漏斗口下摆放箩筐，将茶叶倒入风选机顶端的大漏斗里，手摇风车。紧实的茶叶略重，风扇得不远，从第一个漏斗口落下来，而粗叶、粉末轻飘飘的，则被扇到最外面。

筛选过的毛茶还残留杂质粗叶，需手工拣茶。平时洪禧记固定的师傅、长工只有几十人，但到了拣茶时期，要临时请几百个女工拣茶。茶叶堆积如山，且品种繁多，需要很大的晾晒场地，五里牌戏台也常被用作拣茶场所。戏台左右二楼的雅座，这时换上了板凳、篾筛、茶堆。几百个女工拣茶，这是乡村一道靓丽的风景线。她们低头对着茶叶堆，用手指轻柔地剔除粗梗、黄叶、杂质及发霉的叶子，以确保茶叶品质。她们偶尔抬头漫不经心地说几句话，或者张家长李家短地说笑几句，欢声笑语溢满街头巷尾。

在泰顺有很多描写女工拣茶的歌谣，如有首《拣茶歌》：

四月拣茶立夏天，拣茶茶妹在旁边。

莫讲拣茶有钱用，茶妹拣茶赚大钱。

那个年代乡村工厂稀少，女工能找到这样一份轻松工作，自然很开心，有的女子为了争得拣茶资格，还提前自带板凳占位置。有些姑娘一边忙活着，一边偷瞟一眼心仪的小伙子，有首《拣茶歌》就是描写这可爱又诙谐的一幕：

五月拣茶菖蒲花，拣茶茶妹真贪花。

双眼踏在茶房底，斜眼观郎手拣茶。

莫说《拣茶歌》只是村姑唱念的俚歌民谣，就连文人墨客也喜欢到拣茶场所逛逛，吟几首茶诗。如清代雅阳秀才欧光华就写了八首《拣茶词》，其中一首是：

到门珠翠影交加，入座分来雀舌茶。

吩咐丽人需着意，殷勤剔选莫呕哑。

这诗描写一位姑娘刚步入拣茶场所，就看到满院珠光翠影。她悄悄入座，分来一堆茶叶剔选。斯文厚道的她，嘱咐身边的女孩悉心拣茶，莫要交头接耳。

拣茶场所中，不仅有年轻女孩，还有中老年妇人，有的还是母女齐上阵。欧光华在另一首《拣茶词》中写道：

盈盈十五小娇娃，一种丰姿最足夸。

却向阿娘身伴坐，偷闲时整鬓边花。

这是一位娇羞的小女孩伴在母亲身边拣茶，爱美的她时不时地整理一下鬓边的花饰。

诗歌照见了时代的背影，可以想见，晚清时期泰顺彭溪、雅阳一带乡村已经逐渐出现茶厂规模化制茶的盛况。倘若仅仅只是茶农自产自销，怎会出现欧光华笔下的那种热闹的拣茶风情呢？

洪禧记茶叶远销外地，那时没有足够的塑料膜与瓶罐，为了保证长途挑运茶叶不至于破碎变质，他们采用一种简单实用的土方法——用篾片编着一片片箬叶，再平铺于木箱的底层与四壁，这类似于现代包装箱的泡沫隔层。茶叶放置其中，既密封保质，又能防震。

洪禧记生意红火时，每批要运送约20箱茶叶，请上40个挑夫，每两人抬着一箱茶叶，并派一两个心腹伙计押运。挑夫们抬着箱子沿着古道途经彭溪、富垟、分水关等地，到达桥墩门，挑夫卸下箱子后即可原路返回五里牌。伙计则要雇几辆手推车将箱子运至鳌江码头，再装货上船，运往上海、天津、营口等地销售。据《浙茶通讯》记载，五里牌洪元茶厂有段时间购进毛茶209担，已成箱数144担。

洪禧记在上海等地颇有声誉，若是出差的员工在上海遇到生活困难，当地老板会热心帮助。村民回忆说，洪昭翠从42岁开始发财，按此推算他的洪禧记茶行在民国初期就起步，到抗战时期，洪昭翠已是纵横商海20余年的老手，在福鼎贯岭、平阳桥墩门开有分号。他在五里牌银铺村山顶上建了一座坚固土楼，用于储藏家财与物资。

歪打正着的“黄汤”名茶

洪禧记经销的茶叶中有当时闻名遐迩的“黄汤”。关于黄汤的由来众说纷纭，泰顺民间有个传说，古时平阳北港、桥墩门等地的茶商来泰顺收购毛茶，回程要走过崎岖漫长的古道，经常会遇到阴雨天气，茶叶被淋湿。辛苦挑来的茶叶他们舍不得丢弃，就把潮湿的毛茶摊开晾干，重新烘焙，致使茶色变黄。这样二次加工的黄茶不想歪打正着，品质更胜一筹，茶汤呈黄色，香味清芬醇厚，深受天津等地茶客的喜爱，价格节节攀升，利润可观。于是，平阳、泰顺等地茶商开始批量制作黄汤，不断改进技艺，黄汤声名愈著，据说乾隆嘉庆年间被列为贡茶，还出口到马来西亚、新加坡等地。

民国《浙茶通讯》记载五里牌除了红茶之外，“尚有土名黄茶一种”。又说：“此处茶商，来自平阳。设厂制造，非是长期性质。他们拿了账簿，背了一支秤，随时随地，可以收制。”当年平阳茶商看中泰顺优质的茶叶，到五里牌收购大量毛茶。尽管泰顺民间的黄汤传说没有确证，但还是有其历史背景的。

《中国名茶志》记载：“温州黄汤产于浙南的泰顺、平阳、瑞安、永嘉等地，品质以泰顺东溪和平阳北港的最好。”现在，彭溪镇玉塔村畲民李宗楷是泰顺“黄汤茶制作技艺”传承人，他从父亲李思插那里学到这门手艺，而李思插十几岁时就跟爷爷学习黄汤制茶技术。可以想见，在清代末期至民国时期，彭溪一带的黄汤制作工艺已较为成熟。李思插的爷爷制作的黄汤茶，有时会卖给邻村五里牌的洪禧

记，再由茶行统一销往天津等地。1934年，《浙江省建设月刊》刊载温州区技术专员王业调查温属茶叶的文字，提到“平阳南北港、泰顺五里排（牌）等处……细茶有莲心旗、枪黄汤等名目”。

制作黄汤对茶青的品质要求极高，茶树不能放化肥，以免叶子过于茂盛肥厚。每年清明前后，摘取茶树上一叶一芯，拿回家晾上两三小时。之后，制作人将茶叶放入通红的热锅中，用手有节奏地扬抖翻动茶叶。10分钟后，茶叶均匀杀透，水分发散，出锅堆闷，然后再摊开晾干。

接下来就要进行烘焙。制作人有特制的圆形焙笼，四周围以篾片，顶端为覆锅形的篾盖。焙笼底下放置铁锅，加炭生火，不一会儿，焙笼就暖烘烘的。制作人用纱布把茶叶包裹起来，放于焙笼顶端烘，纱布中的茶梗、茶叶渐渐被烘黄。

之后，制作人再以同样的方法复焖、复烘，待茶叶出笼冷却后，再次将茶叶平摊于焙笼上烘，每隔一段时间翻动一下茶叶，使茶叶颜色均匀。烘到一定时候，制作人拿起一两根茶叶闻一下，芬芳中已无水分味道，手指轻捻一下，脆脆的茶叶瞬时变成粉末，这时茶叶就可以包装储藏了。

上好的泰顺黄汤有“三黄”的特征：一是茶叶条形紧实，通体金黄；二是茶汤呈黄色；三是茶叶在水杯中渐渐舒展开来，叶底嫩黄可爱。品茶者端起茶杯，顿感一股浓郁芬芳满溢而来，轻呷一口，舌齿生香。温润的茶水缓缓流入心间，暖心舒胃，其浓淡相宜的芳香令人回味无穷。

“钟万利”茶行助建飞虹桥

从五里牌村关隘遗址外的古道出发，循着洪禧记昔日的商路，往东北行至彭溪村，这里曾有一个远近闻名的茶厂——“钟万利”。这个名载民国《浙茶通讯》的茶厂，至今还留在村民的记忆中。钟姓村民说，“钟万利”的历史可以上溯到清朝后期，创始人钟德祉身材魁伟，为人刚直忠厚，一诺千金，曾授迪功郎。起初，钟德祉以种植贩卖靛青起家，经常去往福州，发现市场上茶叶紧俏，而家乡最不缺的就是好茶。他回乡后开了一家茶馆，请专业品茶师坐堂，举办类似于“品茶沙龙”的活动，吸引各地茶农的目光。茶农将自制的茶叶挑到茶馆，品茶师取样闻一下茶香，再泡茶品鉴。之后，品茶师在凭条上写上茶叶的等级、价位，盖上“钟万利记”的印章，交与茶农到会计处领钱。

钟万利茶行将收购的毛茶拣选后，用泰顺竹纸包裹，装入箱子。挑夫挑着箱子，途经车头、富垟，过福鼎等地，发往福州，有些优质白茶还远销新加坡等地。每次发货18担左右，每担100斤，一般箱子上加盖“钟万利记”印章的，在福州茶叶市场可以享受免检待遇。浙江油茶棉丝管理处技术员统计，钟万利茶厂有段时间购进毛茶数117担，已成箱数116箱，由此可见这是一家规模较大的茶厂。

挑夫挑货，必经村口埠头及富垟等地，但每逢春夏雨季，溪水暴涨，难以渡河。民间传言，福鼎财主陈镛有次途经彭溪埠头，险些被洪水冲走，于是他发愿建桥。但建桥工程需要当地人主持，钟德祉等人觉得这是利己利民的好事，就带头捐资支持，督工造桥。石拱桥于光绪庚辰年（1880）竣工，横跨溪涧，状如飞虹，取名“飞虹桥”。岁月沧桑，彭溪村很多桥梁都先后消逝于洪水中，唯独飞虹桥坚固如初，风华依然，它在漫长的时光里连通起浙闽的茶商之路，一担担泰顺茶从这里出发，运往山南海北。

清末有位秀才说钟德祉“常作客浮梁，贩烟茶赴闽，所谋无不利”。文中的“浮梁”指江西景德镇市浮梁县，素有“茶都”之称，可见钟德祉还把烟草、茶叶生意做到了江西。做生意都希望能一本万利，是以他给茶行起一个吉利的名称“钟万利”。后来，钟家在彭溪村过溪建造前后两堂，后堂住人，前堂的 8 间房屋则用来开办茶行。房屋的一层地面铺设木板，中间隔空透气，这样可以避免茶叶受潮变质。一直到民国后期，钟德祉的后代都经营这家商号，家中的谷箩等生活用具都会印上“钟万利”名号。

有茶则灵的香菇寮

据村民说，当地名茶——香菇寮白毫茶曾挂靠“钟万利”商号外销。此茶采自彭溪镇香菇寮村独有的香若幽兰、毛白似银的茶树，取其嫩叶精制而成。

清朝雍正年间，钟氏迁居香菇寮村开荒。相传，有位钟姓先祖无意间发现山坡上有几株大茶树叶白若雪，在月夜分外惹眼，就采撷芽尖，放在院中晾晒，用这茶叶泡水，芳香悠悠。村民对这种茶叶产生浓厚的兴趣，但仅有的几株茶树产量稀少，就采用压条分丛法繁殖新株。

香菇寮白毫茶是泰顺历史悠久的名茶，现在彭溪的钟国伟是绿茶炒制技艺(香菇寮白毫）的代表性传承人。制作此茶工

艺烦琐，每年清明前后，采撷香菇寮白毫茶树上细嫩的一芽二叶，经过杀青、揉捻、初烘、做条、复烘、焖焙等工序精制而成。制好的茶叶色泽青翠，白毫微露。用开水冲泡时，茶叶如细小的笔毫不约而同地竖立起来，品茶者凑近深吸一口香气，笔毫仿佛是被吸走精气一般，懒洋洋地歪斜开来。

有一首《泰顺香菇寮白毫》诗写道：

茶山春至玉芽萌，皎皎浑如绽雪英。
伴得树烟随吐纳，撷来叶露供煎烹。
碧汤沉影银毫立，瑶盏浮光蕙馥盈。
闲酌云腴尘虑散，几分温婉慰心平。

因品质优良，香菇寮白毫茶在浙江省历次名茶评比中多有斩获，更在第二届中国国际茶叶博览交易会中荣获“国际名茶”金奖，有专家点评此茶：“白毫显露，香似兰花，清汤绿芽，味甘醇厚。”

香菇寮这座普通偏僻的山园因茶而灵，又因茶而名。自 2015 年开始每年 3 月，省市茶叶专家不辞辛劳，乘车沿崎岖盘旋的山路到山顶参加“香菇寮白毫茶博览会”。那七棵有一百多年历史的白毫茶母株还静静地守在山坡上，由它们枝叶分出来扦插繁殖出的新苗已然漫山遍野。每年 3 月，茶树吐露白色的新芽，一眼望去就如层层雪花。那七棵茶树母株相依相偎，斜靠雕栏，像和蔼的母亲一样慈爱地望着山坡间千树万枝的蓬勃长势。

“林日兴”茶行等商户

除了“钟万利”外，清朝时期的彭溪村还有其他实力不俗的茶商。如陈大象（号宗光）早年在村里一家杂货店学做生意，中年后自立门户，到福州等地贩卖茶叶致富，又“贸易于吴会间，获利倍蓰”。殊为难得的是，陈大象富有担当精神，咸丰辛酉年（1861），平阳金钱会叛军滋扰泰顺八都等地，他与儿子陈式芽等人首倡联甲，带领乡兵日夜防堵敌人，保卫一乡安全，他们父子由此受到朝廷嘉奖。他望重乡里，县官来彭溪办案会请他协助，知县题赠给他匾额“耆德可风”。

那时，茶叶已成为彭溪部分村民的主要产业。如钟德谐做洋烟生意亏耗家财后，他的妻子林氏每日勤劳纺织，将出售纺织品所得的钱财供给丈夫，用于开垦茶园。钟德谐号“协园”，含有妻子协助耕种茶园之意。他们自制的毛茶出售给钟万利等茶行，这是一笔不菲的家庭收入。

循着当年“钟万利”的商路旧迹，过飞虹桥，东行至富垟村，这里在民国时有“林源兴”茶厂。但在村民的记忆中，村里以前有家茶行名唤“林日兴”。两者名称仅差一字，可能就是同一家经营的。

“林日兴”的创办人林致衍善于制茶、品茶，他在林氏宗祠设立收购站，向附近茶农采购茶青，加工茶叶则在杨府爷宫。他主要经营红茶、黄汤、旗青等，茶叶深受天津、温州茶商的青睐，有长期的销货订单。他的商贸路线主要有两条，一是与“洪禧记”“钟万利”相似的路线，在富垟杨府爷宫边上就有一条去往桥墩门方向的古道；二是挑运工往相反的北面方向走，途经五里牌、泗溪、筱村等地，到达百丈换水路运货。新中国成立后，林致衍从事中茶技师的工作，为当地供销社品评茶叶。

玉塔茶场的兴起

彭溪这个在清代末年至民国时期茶业繁荣的地方，在新中国成立后焕发出新的生机与活力。1959 年 11 月，当地民众创立国营泰顺县玉塔茶场。玉塔群山簇拥，土地肥沃，雨量充沛，早晚都有云雾弥漫，拥有得天独厚的产茶环境。然而，在旧社会由于劳动力缺失，大片的土地未开垦，村民生活困苦，那时流传着几句俗语："玉塔高山头，荒野使人愁。谁人到此处，一生一世不出头。"

在新时代的感召下，玉塔茶场职工发扬艰苦奋斗的精神，以主人翁的姿态去兴办茶场，创造一个又一个奇迹。他们在山岭插上"开荒种茶"的旗帜，期望从脚下的荒土中掘出"黄金"来，一边欢快地挥动着锄头，一边斗志昂扬地唱着歌谣："玉塔高山头，玉石当门楼。谁人得了去，黄金论担不论头。"他们仅用一年多的时间，就开垦出水平梯式茶园 2040 余亩，育苗 34 亩，引进梅占、毛蟹、大叶、乌龙等优良茶树品种。

职工们勤俭办厂，在"以短养长，以长养短"的方针指引下，大力发展畜牧生产与多种经营。他们养殖羊、牛、猪、鸡、鸭等；在茶园中轮流套种番薯、黄豆、蔬菜、果树、花生等，甚至还有名贵药材白术。

他们是种茶、制茶能手，有时也要充当烧窑工、瓦工、木工的角色。没有盖宿舍饭厅的砖瓦，他们就夜以继日地办窑烧制；没有建造房间的木板，他们就到 40 里外的梧村锯板……没多久，玉塔茶场面貌焕然一新，呈现出一派欣欣向荣的景象。

1963 年，温州选派 13 名知识青年到玉塔茶场插队落户。1970—1977 年，又有先后 4 批共数十名泰顺知青在茶场长期劳动。他们与当地职工同吃同住，一起开荒种茶、砌造茶塍、采茶制茶、养畜种菜，至今玉塔茶场还有一面"知青墙"。他们把青春的汗水挥洒在这片热土上，浇灌出一棵棵茁壮成长的茶树。当今人步入玉塔茶场，从山脚到山顶，目之所及都是层层叠叠、螺旋而上的苍茂茶园，恰似高可摩霄、青翠无际的绿色塔林，会由衷地感叹人力的伟大。

除了传承传统制茶工艺外，玉塔茶场重视学习先进生产技术，购置齐全的茶叶生产设备，设有初制和精制生产流水线。现在茶场主打"三杯香"品牌。"三杯香"属于炒青绿茶，香高味醇，经久耐泡，有"头泡香高，二泡香浓，三泡清香犹存"之说。"三杯香"畅销全国各地，被列为浙江省优质地方名茶，是北京人民大会堂长期特供茶。

回顾玉塔茶场开荒种茶的岁月，它造就的不仅是芬芳优质的名茶，还有催人奋进的可贵精神。那玉塔茶山脚下清代末年至民国时期的悠悠茶商古道，同样令人浮想联翩。如今泰顺人踌躇满志，以更为开阔的视界，继续发展茶业经济，打响名茶品牌，拓宽商贸之路。

美丽茶园，美丽乡村，看万排

文 / 孙状云

在泰顺有很多的美丽茶园，泰顺县茶叶协会会长谢细和负责经营的泰龙茶业基地——万排万亩茶园，是被农业农村部正式评定的“中国醉美茶园”。

每次去泰顺采风采访，我们都会去雅阳万排茶园。每一次去，都会有惊喜的发现。在原先的观光景点的基础上，今年茶园又新建了供骑行的自行车专业赛道。骑行道与成片一望无际的茶园的墨绿色相映成趣，构成了大写意的巨幅油画。面对这样的“中国醉美茶园”，我们写下过这样的文字：“踏步茶园之中，夹杂着含笑浓郁的芬芳和美叶绵柔的清香让人‘醉’了，确定是醉了，沉醉、陶醉、迷醉，这一方茶园是如此的不同，处处生风。”

是的，处处生风，春天里来过，夏天来过，秋天也来，这一次是冬天里来，茶园的四季静默如许，无论是阳光明媚，还是细雨朦胧，伫立于万排茶园最高处的观景台，让人沉醉不知归途，如在别处见过的万亩茶园一样。记得我们曾写过的文字：“……那一种震撼，难以言表。浩渺、一望无边的茶海，置身于这样的波澜壮阔中，在瞬间的心灵震撼后，那颗喜欢茶的心开始感怀了，柔软了。静静地站立着，不分东西南北地全景扫描眼前的这片绿。绿色的海洋，条条茶行，是绿色的波浪，由近而远，又由远而近，横成波纵成浪，近是涛远为潮。眼睛看不过来了，用心灵，心灵看不过来时，用梦境，似梦还真。错过了春天采茶的季节，在这样的万亩茶海里看采茶，又将是怎样壮观的一个场面呢？”

陪同我们的谢细和会长答应我们，在春天采茶的季节里，我们一起来做一档活动，和着《采茶舞曲》的音乐节奏和歌声去采茶。这样的场景，是需要群体活动的，让更多喜欢茶的人一起欢舞，一起雀跃，那时，我们便一起成了风景中的风景。

谢细和说，万排茶园茶旅融合的景点规划与基础设施经费逐年的投入已基本就绪，关于吃住方面的民宿规划也已经启动。

让我们惊喜的是泰龙名优茶加工中心

的建筑已经基本落成，总面积5400多平方米，一楼是绿茶生产线和茶文化展示厅，二楼为红茶生产线，三楼为白茶生产线。谢细和将几十年来在茶叶上赚的钱都投入到了这个项目中，这是迭代的转型升级改造，几乎是推倒重来的重新规划布局，在某种程度上代表了泰顺茶产业高质量发展的最高水准。

我们曾经说过，只要信心在，希望一定在。

从万排茶园精工细作的管理以及茶叶良好的生长态势可以看出，“三杯香”品牌引领下的泰顺茶产业发展是健康、持续、有序的，产业的势态是兴旺的。谢细和携泰龙茶业品牌华丽转身，从传统的种植、加工，向观光工厂、观光茶园茶旅融合新业态转变，“泰龙”——泰顺的茶叶龙头企业正腾龙起飞。

泰龙茶业公司一堵又一堵荣誉墙上面，所有的奖章、奖状、奖杯都代表着谢细和及他执掌的泰龙茶业几十年来不懈的努力与孜孜不倦的追求。那两张连续两届荣获泰顺十大制茶工匠与温州市制茶工匠大师的荣誉证书，是谢细和十分在意的，匠心制茶是泰龙茶业所有荣誉的基础。十多年前，谢细和，一个卖茶的茶商折回家乡承包茶园，自己加工茶叶，初心便是想把控稳定的品质，自己做出好茶来再去卖。从几十亩、几百亩茶园到眼下拥有核心基地茶园1200亩，连接周边农户茶园5000多亩，在万排的万亩茶园里，泰龙占据了近60%，谢细和以他的“泰龙”通过龙头企业连接农户的产业模式，创造了“泰龙强，万排旺”，茶企、茶农共同富裕、振兴乡村的示范典型。

美丽茶园，美丽乡村，去看万排！我们说。

寻觅浙闽的“茶马古道”

文 / 孙状云

泰顺的著名茶人吴晓红执意要带我们去她老家雅阳镇埠下村看一看，说那里有一条连通浙闽的千年古商道，有茶商古宅，有茶厂、茶馆的遗址……

关于埠下村，留在网上可以搜索的资料并不多。埠下村位于浙闽交界，它的繁华主要是在明清时期，商业贸易曾经红极一时。埠下印石前（现名岭仔屋）至排岭这条古道上，商埠林立，用来交易当地土特产的馆、堂、店、楼及传统技艺作坊等有 50 多家，集市繁荣，埠下之名也由此而来。

风雨飘摇，曾经的繁华，留在了吴家大院气宇不凡的门楼上，绕村而过的小溪依旧与世无争地流淌着，从过去流到现在，也流向未来，沿溪而筑的古道仍在，青苔相映着依然挺立不惧风霜的百年香樟，我们在一处处老房子门前及庭院停留，时而沉思，时而遐想……我们到过很多地方，无论是晋商还是徽商，当选择了茶这个行业，便注定了他的不凡。埠下众多的老房子，吴家大院是最气派的。吴晓红也算是埠下村吴氏宗族的后人了，她说，听家里的父辈、祖辈们说，听村里的很多老人们说，吴家大院的主人就是靠经营茶叶起家的，经历过辉煌，也陷入过经营上的危机。他们将茶叶收购来，在东头溪边的边屋里加工整理，然后去平阳桥墩水头走水路外运，或沿古道山路挑着担子去福州交易。吴家也遭遇过危机，说是有一次茶叶收购加工了，没有赶上福州海运的船期，导致库存大量积压。危机是怎么解决的不得而知，当年辉煌的吴家的家道又是如何没落的，我们也不得而知。

我们去的时候，吴家大院正在翻修，埠下村众多老房子大多数都已人去楼空。埠下村委会正在规划复原埠下村商业古镇古道的文化遗存，留在墙上的宣传图示使我们想到了《清明上河图》。埠下村古来的繁华靠的是茶。茶的元素，茶的文化，好像并没有成为埠下村古街保护与规划的重彩之笔。

埠下的吴家大院及它所属的茶叶加工场所、茶馆等是见证近代中国茶叶外贸历史的重要文化遗存，也是浙闽“茶马古道”古来繁华的史料式的实物证据，等待更多茶文化爱好者和文史学家们去挖掘与整理。

业学大庆农业学大寨

踏着歌声的泰顺茶香之旅

文 / 孙状云

这个茶季，我们决定去泰顺采风！

“溪水清清溪水长，溪水两岸好呀么好风光……”这一首由著名词曲作家周大风于泰顺创作的《采茶舞曲》，将泰顺的山水诗意化、韵律化了，哼着茶歌去看茶、采茶，和着《采茶舞曲》的音乐旋律去品茶，无论是迎着蓝天白云去看山看水，还是撑着伞在和风细雨中漫步茶园，都是一种心里的烂漫。还有廊桥、古村落，带着历史中浓浓的乡愁，无不让人彷徨。抬头仰望天空，或瞭望连绵起伏的群山，寻觅是云还是雾的云蒸霞蔚，伫立或迈步于我们心仪的那一块绿油油的茶地……“溪水两岸好呀么好风光”，谁又在起了旋律歌唱？“溪水清清溪水长”，看得见的溪，在泰顺东溪乡，看不见的溪，永远在我们的心里！

每一道风景在不同的人的眼中有不同的审视。我们说，每一片茶园，在喜欢茶的人心里都是绝美的风景：山垟坪泰之叶茶基地、草刀岭天顶茶园、葛洋茶场、泰顺雪龙有机茶园、泰隆万排万亩茶园、玉塔茶场……

与别的地方茶区变景区、茶园变公园不同，泰顺的每一处茶园还保有原生态的配置，茶园、茶厂业主以匠人的姿态给我们讲“三杯香”制茶的真经，为我们泡刚出炉不久的新茶……

我喜欢这样的原生态的寂静，真的很想在山垟坪、在葛阳茶厂、在玉塔茶场这样的老国营茶场职工宿舍里住下来，遥想追忆当年知青欢歌笑语的场景，这也算是励志体验！激情与青春同在，无悔的青春当属于崇高的信仰，理想的归途是追求！

带着岁月沧桑的风雨廊桥在那里。廊桥，是泰顺的景，截至目前，全县共有46座各个时期的廊桥，其中19座廊桥在2005年被列为省级文物保护单位，15座廊桥于2008年被列为全国重点文物保护单位，因此泰顺又被称为“廊桥王国”“廊桥之乡”。我们来到北涧桥、溪东桥。风雨不再啦！历史在遥远的那头，我们迈步走过今天，信步迈向未来。

在徐岙底古村落，我们看得见曾经的繁华。原生态的古朴自然的建筑群在那里，深深小巷，错落有致分布小巷两旁的泥墙黑瓦的民居，大户人家深深庭院、宗族祠堂，写着“文元苑”“举人院”牌匾的门庭大院……原住民都已一一迁出了，没有了原住民的村落变成了荒屋寂巷，没有了人居住的村落也就成了事实上的废墟，一切显得寂静而荒凉，到处弥漫着乡情与乡愁，让人惆怅……

东溪乡的泰顺茶馆，似乎是专为东溪乡的茶文化旅游而设，在这里停顿喝过茶后，可以去隔壁的周大风博物馆，可以去前门直街的《采茶舞曲》诞生地东溪土楼，也可以去东头溪边的泗溪碇步桥，或去万排万亩茶园……因为周大风在此地创作了《采茶舞曲》，《采茶舞曲》文化也就成了东溪乡美丽乡村建设的文化灵魂，除了周大风博物馆与东溪土楼外，临溪的街边建起《采茶舞曲》音乐广场，镇里还建起了音乐学院，周大风博物馆门前的直街也成了音乐小道，仿佛整个东溪乡的空气里都漂浮着五线谱上的音符，游人兴致即至，张口即起这旋律：

溪水清清溪水长，溪水两岸好呀么好风光……

在泗溪的碇步桥上，我们任性地大合唱了起来，还任性地改了《采茶舞曲》歌词："青山绿绿青山美，青山处处好呀么好香茗……"

泰顺“三杯香”，香天下

文 / 张凌锋

那天，从玉塔茶场出来在下山的盘山公路上，车载音响肆意地放着《生如夏花》：“我从远方赶来，恰巧你们也在，痴迷流连人间，我为她而狂野……惊鸿一般短暂，如夏花一样绚烂……不虚此行呀，不虚此行呀。”同事说：“这首歌好应景呀。”

确实，不虚此行，此番泰顺之行。

要说泰顺“三杯香”的发展，就一定绕不开企业的品牌建设与发展，而合作社作为劳动群众自愿联合起来进行合作生产、合作经营所建立的一种合作组织形式，自中国1918年第一个成立的合作社开始就在劳动生产发展中起到了巨大的作用。尤其是进入20世纪90年代以后，各地积极探索发展和完善各种合作经济组织。除原有的社区合作经济组织、供销合作社、信用合作社得到一定程度的发展和完善外，各种以民主平等、自愿互利为原则的农民专业合作社、专业协会、股份制合作社等农村新型合作经济组织大量涌现，发展迅速。而在泰顺，有很多这样的茶叶专业合作社，它们共同为泰顺茶产业的发展做出贡献。

有客开青眼：下洪乡天顶茶叶专业合作社

我们的第一站便来到了位于下洪乡上洪村的天顶茶叶专业合作社。

有多少茶之芳名我们都听过、看过、写过，此番来到大名鼎鼎的“三杯香”原产地亦是多了一重愿望得以实现的激动。

在参观了“三杯香”的加工过程之后我们在天顶茶园迎接了那天第一缕曙光，确实是令人惊叹的。

“山际见来烟，竹中窥落日。鸟向檐上飞，云从窗里出。”

大抵是下过一场雨水的缘故，茶叶上沾满了晶莹欲滴的水珠。茶叶加工过程中有“雨后茶不采”的说法，此情此景在品饮了一杯天顶茶场的“草刀岭”牌“三杯香”的我们眼中是那样的可爱与动容。

我们实在是太爱这个地方了，不想离开，只能驻足不停地合影留念。此时此刻，唇角留香，“三杯”犹在。

有客开青眼，天顶自留意。在这离天那么远又那么近的地方有一方茶园，实在是令人艳羡。

天顶，天之顶，琼霄碧落处；地之顶，离天三尺三；人之顶，一览众山小。

温州第一家：筱村镇地方国营泰顺县葛洋茶场

登上葛洋茶场，是为了那一杯魂牵梦萦的“香菇寮”。

这原产于泰顺彭溪香菇寮村的“香菇寮”白毫滋味鲜爽，清幽兰花香不绝于口。尽管葛洋茶场不是“香菇寮”的原产地，但据说这里的“香菇寮”特别甘甜鲜爽，果不其然。

其实葛洋茶场除了令人神往的“香菇寮”，还有那片温州市第一个通过欧盟、美国有机茶认证的生产基地。

海拔750米的茶山在云雾中若隐若现，一垄一垄的绿茶树、一株一株的茶嫩芽儿透着精神，与其他茶场相比，这里的茶树树干更粗壮，叶子油光发亮，更加厚实。其中的秘密就在于，这里的茶树施的可不是一般的肥。

据介绍，茶场使用的肥料是根据茶场茶叶养分吸收特性及需肥规律特别配方的茶叶专用有机肥、生态有机液肥，配套有机肥改土、营养调控技术等多种栽培技术，可有效提升茶叶的品质。此外，在茶树间套种具有固氮能力的优质绿肥品种“白三叶”，既可覆盖保湿，防止水土流失，抑制杂草入侵，又可以作为高效绿肥使用，提升茶园土壤肥力水平，减少肥料使用量。“白三叶”种植一次可自然利用3—5年，有机茶管理上非常简便。

有机茶山上星罗棋布地分布着黄色的太阳能灭虫灯，每10亩地一个杀虫灯的规律性摆放，是农业专家引进的物理防治措施之一。建立以信息素诱捕器、杀虫灯以及高效生物农药等物理、生物防治技术为主体的生态安全综合防治体系，有针对性地诱杀白僵菌和天敌等，可有效减少化学农药的使用量。此外，茶场还建有病虫害发生测报点，实现了检测数据的实时监控，为研究茶园病虫害发生规律，建立相对完整的中长期测报体系提供数据基础，为茶叶质量安全构建了一道生态保障网。

在绿色施肥、绿色防控等管理技术的保驾护航下，筱村有机茶的名气越来越响，现已销往欧盟、美国、中东等地，年销售额达2400多万元。而茶场“不施化肥，不喷除草剂，不打农药”的管理原则在提高茶叶产品质量安全的同时，更是对水源地环境的一种真诚爱护和积极保护。

隐在深闺的知青茶场：彭溪镇玉塔茶场

我们到达玉塔茶场已经是下午三点多了。

据介绍玉塔茶场位于彭溪镇五里牌社区玉塔村，始建于1959年，是一座不折不扣的知青茶场，1963年10月始为省定点国营农垦企业。故而，这也是一座有着历史记忆和年代感的茶场。

近年来茶场主要依托科技特派员制度，依靠与中国农科院茶科所、浙江省农科院、浙江大学等浙江省科研院校的合作，来进行产业升级和技术提升。全场总面积1333亩，其中有机茶园面积1280亩，主要种植本地群体种、本地早茶、龙井43、安吉白茶以及香菇寮白毫茶等茶树品种。近年来，茶场通过不断努力，实施了省现代农业发展资金、省农标准化、省茶产业升级工程、市沃土工程示范等项目，通过有机认证、QS认证，先后被评为温州市农业机械化示范基地、温州市沃土工程示范基地、温州市科普示范基地、泰顺县科技示范基地。

趁着最后的余晖，我们决定去茶山走走。走着走着，仿佛置身云海，又是一出我们最爱的云里雾里的场景——清晰地看见雾在眼前游走，亲吻我们的脸颊，湿润我们的发梢，同样滋润着我们深爱的这片土地和茶树。

山是静的，雾是动的，远处传来流水激荡的声音，不是涓涓，不是潺潺，是雄浑的、壮阔的，那是一条瀑布挂在了对面的悬崖上，这片土地瞬间灵动了，我们也彻底陶醉了。

峰峦起伏，云雾缭绕；

茶生一处，天地一方。

真美！

“中国醉美茶园”：仕阳镇泰龙茶业

2009年泰顺县诚信民营企业、2010年温州市扶贫龙头企业、2013年温州市十佳农业龙头企业、2014年浙江省科技型企业、2017年浙江省出口农产品生产示范基地、2018年浙江省AAA级守合同重信用单位……

这是泰龙的成长轨迹，也是属于它的传奇。浙江泰龙制茶有限公司成立于2007年，坐落于全国生态示范区泰顺县仕阳镇上排村，年产茶叶350吨。公司建成了绿茶初精制加工厂和名优茶清洁化生产流水线，同时成立了万众茶叶专业合作社、泰龙植保专业合作社和万龙农机专业合作社，从源头保障产品质量安全，建立了稳固的联结利益机制，农户企业实现双赢。

泰龙主要生产销售“天香一家”牌系列扁形、条形、卷曲形、针形绿茶和泰龙红茶、白茶等不同类型名优茶，适应市场对多茶类的需求并立足生态和资源优势，以市场为导向、基地为依托、科技为动力、质量为重点，以开发“三杯香”茶为突破口，以“企业＋专业合作社＋基地＋农户”的产业化经营模式，走产销一体化之路，企业不断发展壮大。

说起泰龙茶业，就不得不提它的“中国醉美茶园”。被誉为“中国醉美茶园”的泰龙牛军洋茶场是中国著名音乐家周大风创作泰顺县歌《采茶舞曲》采风体验地。茶园基地常年云雾缭绕，生态环境得天独厚，生产的茶叶以芽叶肥水、白毫显露、香高味醇而著称。

踏步茶园之中，含笑浓郁的芬芳和茶叶绵柔的清香让人“醉”了，确实是醉了，沉醉、陶醉、迷醉，这一方茶园是如此的不同，处处生风。

相信伴随着越来越多的企业拥有自己的生态有机茶园，结合精密的加工设备、完善的加工工艺及加工流程、合理的管理模式和生产方式再加上优秀的专业的团队，泰顺“三杯香”“香天下”也就是迟早的问题了。

总有一棵树在山坡等我们

文 / 张凌锋

此时，我的书案上放着一杯“三杯香”。我一边看着“朋友圈”里采风团成员们发布的照片，一边在听她给我讲故事。

水是刚煮开的，热气仿佛专门提醒我这是激荡茶叶香气最佳的温度。茶叶是温馨的黄绿色，与台灯心照不宣地微笑，那样一种泰然处之的气质使我恍惚起来。我想，这是我所认识的哪一个人、我所看过的哪一本书曾经给予我的久违的泰然呢？

这种感觉从来没有过，但又那么熟悉。

人杰地灵：物华复如此

一路南下，车载音响播放的《采茶舞曲》以及不断播报的路况信息指向了一个共同的地方：温州市泰顺县，一个泰安顺遂的地方。

翻看了泰顺县茶叶特产局副局长林伟群送我的书，我记住了这么几段话："泰顺，一座远离喧嚣的浙南山城，与福建交界，明景泰三年（1452）置县，寓意'国泰民安、民心效顺'。"

"泰顺，一个宜居宜业的'天然氧吧'，森林覆盖率76.59%，空气质量浙江省第一，被誉为'养生福地、绿色王国'。"

"泰顺有佳茗，名茶荟萃，源远流长，是中国名茶之乡。"三杯香"茶清汤绿叶、香高味醇。周大风曾说，是泰顺独特的地理环境造就当地茶叶高贵的品质，《采茶舞曲》源于泰顺，是天定的缘分。"

而我们就是为着这一杯泰顺"三杯香"而去的。

山中自有茶，桂树笼青云

在泰顺的三日，仿佛经世万千。欣喜之余夹杂着事茶的辛苦，艰辛之余又享受着茶给我们的那份泰然与感动，有酸楚却更喜爱。

三天里，我们自驾上百公里走了罗阳山垟坪茶场、下洪天顶茶叶基地、筱村葛洋茶场、雅阳日月井茶园、彭溪玉塔茶场、东溪乡周大风茶博园以及万排茶场等地方，无限风光一览无遗。

千变万化的茶园风光，万变不离其宗的茶。这是人的耕耘也是自然的馈赠，更是茶场主人的精神还原与态度呈现。以小见大，以茶入情，茶就在心中。

一、罗阳山垟坪茶场

山垟坪茶场似乎不单单有只属于江南的婉约，多少有点豪放的味道在。参差的茶树并未被过多地修剪，新芽簇簇诉说着有张力的美，老叶森森倾吐着岁月的香。雨不过是点缀，无雨我们可以更肆无忌惮地在茶园中撒欢，有雨也无法阻止我们抛下长途旅行的劳累，享受此刻无尽的欢愉。

二、下洪天顶茶叶基地

云青青兮欲雨，水澹澹兮生烟。

面对着远处明灭缥缈的山峦，我们感受着江南独有的韵味。像水磨调般的咿呀，不闹腾，确实拂动心弦，如天籁作响，如丝竹在耳。我们不知不觉就走向了那片茶园，想以青山为屏，与茶相合。这是一种魔力？我想，那一定是茶心相融的结果。

三、筱村葛洋茶场

这是哪一颗明珠遗落在了人间？

若说刚才的天顶茶园是小家碧玉的话，那么葛洋茶场的这片茶园便是实打实的大家闺秀了，像极了《红楼梦》中的宝姐姐，端庄持重。一排排整齐的茶树在重重云雾之下似乎在吟诵着“焦首朝朝还暮暮，煎心日日复年年。光阴荏苒须当惜，风雨阴晴任变迁”。

我还会再来看你们的，请等着我。

四、雅阳日月井茶园

泰顺的茶园真是风格迥异。位于雅阳镇的日月井茶园多少是有西北的气概，氛围瞬间从《红楼梦》转到秦腔。黄土坡上种的是刚抽芽的黄金芽，那是孕育希望的黄金芽，在它对面的山坡上是未经雕琢的野生茶林和长得略显粗犷的经济茶园。

我们询问：缘何不采茶叶，反倒把芽剩在树枝上？答曰：做茶时节已过，且此时做茶效益不高，故而放弃。我们多少为茶叶的浪费而可惜，也感慨茶叶深加工道阻且长。

五、彭溪玉塔茶场

到了玉塔我们总算是体会到“高山云雾出好茶”的道理。那雾是层层叠叠的，那山是明明灭灭的。

江南美景的朦胧感是“犹抱琵琶半遮面”的羞，是“素琴清簟好风凉”的雅，也是“数点雨声风约住”的暗思。一帘白练垂挂峭壁，映山红、金樱子相映成趣，灵动万分，美不胜收。

六、东溪乡周大风茶博园 · 廊桥

“溪水清清溪水长，溪水两岸好呀么好风光。”有山必有溪，有溪就有碇步，而泰顺人民更是在溪上筑起廊桥。或许廊桥在寻常百姓眼中并非是《廊桥遗梦》中的意象而只是一座能够遮风避雨、歇脚祈福的建筑，就像碇步只是助人过溪的工具。那一天恰逢周日，我看到很多高中生穿着校服从家走向对岸的学校，碇步承载了很多美好的期许，廊桥是这样，茶也是这样。

泰顺的县歌毋庸置疑是周大风先生创作的《采茶舞曲》。我们在周大风茶博园看完了这首歌的创作背景以及首唱家庭代表，深受感动。这首轻快的歌曲温暖了一代又一代的有着乡土情怀的人民，也唱出了劳动人民的劳作心情与精神风貌，也唱出了我们对于家国土地的深深眷恋。

七、泰龙牛军洋茶场

这是一处有着江湖气息的地方。

橙色的平台是我们尽情欢乐的舞台。远远望去，茶园与共和国的人民子弟兵有着相似的特征：坚定、齐整。一排排，一列列，一丛丛，一树树，一望无际，绵延起伏，整整齐齐的茶树犹如站军姿一般矗立在山巅，迎接着每天清晨的第一缕阳光；也像井然有序的绿色屏障，守护着这片山峦。这茶山，这茶人，这杯茶，与蓝天白云相衬，美不胜收！

你可以想象一下若是此处烟雨蒙蒙，云雾缭绕，又是一幅怎样的画卷？“忽闻海上有仙山，山在虚无缥缈间”也不过如此吧！

家住青山下，时向青山上

青山有幸，我虽“家住青山下”，此身愿“时向青山上”。

在泰顺有很多未经大规模改造，依旧保有历史原貌，如今在修缮之中的古村落。位于筱村镇的徐岙底古村落便是其中的代表。

食罢农家菜，我们循着小路进入这座古朴的村落。天朗气清，青砖黑瓦，这是古村落独有的气质。

山中鸡鸣、田埂鸭戏、屋前狗吠，这是熟悉的乡村之趣；炊烟袅袅、欢歌阵阵，这又是另一番乡村忙碌之景，轻快而和谐，从容又有趣。

乡村从来都是供我们心灵回归、栖息的地方。心灵停留在村头那棵百年大树上，停留在小径旁门窗咿呀作响的古屋前。

踏青何愁无处寻，泰顺描绘“醉美”画卷

文／胡文露

这些年来，我跟着茗边团队外出采风已不计其数，看云海翻腾，看茶山连绵，看晚霞落尽，自以为看过很多景色。到了泰顺，我才发现那又是另一番风景、另一种意境。

泰顺给我的第一印象是廊桥，“中国廊桥之乡”的名号我是早有耳闻的。泰顺古廊桥的历史悠久，数量众多，保存完好，艺术价值高。参观廊桥，自然是少不了的行程。我来到被誉为“最美廊桥”的北涧桥和溪东桥，它们历史悠久、造型古朴、结构精巧，被青山环绕，桥旁分布着祠堂等古建筑，深厚的历史文化底蕴吸引着大批游客前来观光。

仕水碇步作为泰顺重点文物之一，是泰顺碇步中的典型代表，全长133米，计223齿，呈一字型凌波延伸。看到的第一眼我们便惊叹起来。水流在石块与石块之间跳跃着，如在钢琴的琴键上弹唱，奏出一曲泰顺的茶歌，唱出一曲生命的赞歌。如果你看到那样长、那样壮观的碇步，你真的会兴奋地行走其上，仿佛回到了童年，无忧无虑。

泰顺这座底蕴深厚的古老山城，保留着许多古村落，如徐岙底古村、塔头底古村等。它们中的建筑大都是明清时期的，藏于深山中，与青山绿水一起成了一道最亮丽也最具文化气息的风景线。

我们选择探访的第一站便是徐岙底古村，这里据称是泰顺保存最为完整的一座古村，其中规模较大的古民居有四座，分别是门前厝、举人府、文元院和顶头厝，建筑结构很是精美，细节依然保存完整，从中依稀可见当年的繁华。它给人最深的印象就是“绿树村边合，青山郭外斜”的景色，颇有世外桃源的意味。漫步于鹅卵石铺就的小径，曲径通幽，享受片刻的淡然清欢与悠然自得，我们在颇具韵味的古村落，享受着独有的悠闲。

下一站是塔头底古村，有着浓厚的清代民居的建筑风格，相较于徐岙底古村的古朴和不加雕琢的原生态之美，这里经过

精心改造，现已被打造成庭院式唐风温泉度假村。古老斑驳的青石地板，错落有致的建筑群体，独具匠心的建筑风格，无不体现着这个古村落的魅力与韵味。

这三天，我们每天漫步于泰顺的茶山，美丽的茶园给我们留下了深刻的印象。在这最柔美的春天，车沿着山路盘旋而上，我们来到一家家茶企参观，行走于茶山之间。泰顺的茶山总体海拔较高，在这里，我们看到了雨后波澜壮阔的云海，也看到了阳光明媚时一览无余的茶山。或许是平日里在屋子里待久了，人也总是显得沉闷而没有生气。第一次来到泰顺，我便惊诧于茶山的翠绿。这一抹绿，绿得格外苍翠、醉人，像是铺上了厚厚的绿绒毯，宁静而自得，悠然且温暖。

泰龙茶业的万排茶园，是我们去的最后一站。这里是“中国醉美茶园”，当地人又称它为“万亩茶园”。所谓“醉美”，又岂是美得让人沉醉那么简单？我们穿梭于茶山中的林荫小道，来到观景台放眼望去，层层茶树被修剪得很是平整，俨然一幅山水画卷。随着阳光把茶山照得微亮，原本被雾笼罩的茶山渐渐清晰，一切气味都散发出来，茶香扑人，让人沉醉。

我一向喜爱绿色，向往蓝天白云。那天那一抹绿色让我特别喜欢，仿佛整个人更接近大自然，更融入大自然。

茶山、廊桥、溪水、古村……这一切，都装点了泰顺的静中之美。

风声、鸟啼声、鸡鸣声、欢声笑语……这一切，编织成泰顺的声色之美。

泰顺的美，在于山，在于水，在于古村落，在于人，她美得多样又统一，如一幅构图匀称的图画，描绘了一卷壮观瑰丽的茶叶盛景。

泰顺珍藏：香菇寮白毫

文 / 孙状云

到泰顺很多次，我就是没有到过“三杯香”产品系列顶级茶“香菇寮”白毫的原产地彭溪镇香菇寮村。

那个地方很偏僻，山路崎岖而狭窄。车辆交会是司机们最担心的事，因为根本就没有一处可交会的地方。所以上山之前，司机都会打电话去村里问问有没有车子下山。香菇寮的小山寨已经没有剩下多少户人家了。

香菇寮就像是一个传奇，我们怎么可以不到故事的源头去采风呢？它越是隐秘，我们便越觉得神圣。陪同我们前去的泰顺县茶产业中心主任林伟群先生告诉我们，山上除了设立的七仙女（七颗母树）母本园外，一切保持原生态的“素颜”。

车子停在钟氏宗祠的广场上，我环顾这个叫“寮”的山村，气派的钟氏宗祠与那些散落于山坡的破落而陈旧的民舍反差

强烈，就如同一个年代久远的江湖英雄的故事尘封在这里……

陪同我们的彭溪镇主管茶叶的干部杨秀航告诉我们，香菇寮过去有二十多户人家，现多数已经搬迁下山了。

母本园是此处的唯一景观，用青石条围住了 7 棵“香菇寮”白毫母树。当地流传下来这样一个美丽的传说，说是七仙女下凡化身为茶树，福佑了畲乡的人民。

“香菇寮”白毫首先是一个茶树品种，在香菇寮村发现并得名，具有毛毫显露、茶芽茎节特长的鲜明特征，制成茶叶，芽叶幼嫩，色泽翠绿，白毫满身，有幽兰花香，滋味鲜爽，汤色清澈，叶底翠绿成朵。此茶 1982 年获得浙江省名茶证书，多次在国内名茶评比中获奖。

由于过于小众，对于众多消费者甚至玩家级别的爱茶者来说，“香菇寮”白毫的存在只是美丽的传说。因为奇缺，所以珍贵。当地政府在打造泰顺“三杯香”品牌时，将它定位为泰顺“三杯香”产品系列的顶级茶，一斤茶的价格在 8000 元以上，常常是有价无市。这展现了近年来泰顺“三杯香”品牌的成功打造，对地域文化名茶的价值发现。泰顺的“香菇寮”白毫，有人将其比作绿茶界的“金骏眉”，可惜的是没有形成金骏眉那样的产业规模和产业效益，即便在“香菇寮”发源地也没有出现产业化的兴旺景象。“香菇寮”白毫仍是一块璞玉，“素颜”已很惊人，装扮一下“颜值”会更高，需要产业规划、品牌打造、茶旅融合等措施来延伸产业链、提升价值。

重视和建设“香菇寮”白毫品牌，这也是“三杯香”品牌建设和营销的一个重要策略。依然是一块处女地的香菇寮，是一座金矿，就看怎么去开发了。太平猴魁的猴坑模式是值得香菇寮村学习和借鉴的榜样。

谢细和：茶旅深度融合打造“醉美茶园”

文 / 胡文露

作为泰顺县的代表性茶园，有着“中国醉美茶园”之称的万排万亩茶园吸引了全国各地的茶企、游客前来学习观光，众人因茶而遇，因茶而醉。

这片万亩茶园是浙江泰龙制茶有限公司董事长谢细和倾心打造的，位于仕阳镇万排社区，最高海拔 864 米，最低海拔 389 米，全年平均气温 16.1 摄氏度，气候十分适合茶叶生长，是泰顺茶叶重点产区及“三杯香”主产地，曾获评“2019中国美丽茶园”、温州市十大“最美田园”。

谢细和作为泰顺茶叶行业的领军人之一，一直以来带领公司立足生态和资源优势，以市场为导向、基地为依托、科技为动力、质量为重点、泰顺茶叶主导产品“三杯香”茶为突破口，以“企业+专业合作社+基地+农户”的产业化经营模式，走出了一条产销一体化的高速路。此外，谢细和还牵头与周边茶农成立了泰顺万众茶叶专业合作社，吸纳合作社社员191人，建立了稳定可靠的利益联结关系，联结基地4000亩，带动农户296户，年人均增收3056元，实现了农户和企业双赢。

浙江泰龙制茶有限公司成立于2007年，自有1200亩出口茶叶种植基地，建有名优茶和大宗茶加工厂区，年加工茶叶350吨，先后被评为浙江省省级骨干农业龙头企业、浙江省标准化名茶厂、浙江省农业科技企业、浙江省农业企业科技研发中心、温州市“百龙工程”农业龙头企业、泰顺县“12345”工程农业龙头企业、泰顺县茶叶技术提升示范企业，公司基地被评为泰顺县科技示范基地和温州市科普示范基地。

建立服务队伍，带动村民增收

随着企业规模的不断扩大，公司还成立了茶叶技术综合服务队和植保专业合作社，对公司基地和联结基地实行统一购药、统一治虫、统一购肥、统一施肥、统一修剪；利用实施“沃土工程”之机，茶园全部使用有机肥以改良土壤、促进生长、提高品质；采用农业防治和生物防治，建设喷灌等设施来提高效益和产品安全水平。五年来，产品抽检和企业送检产品合格率为100%。

为增加茶农专业技术知识、提高从业人员科技素质，三年来，谢细和坚持为“三农”服务的原则，邀请县茶叶特产局技术人员，无偿为周边茶农举办茶叶科技培训班，帮助广大茶农解决生产上遇到的问题，做到“哪里有需要，服务就在哪里”。同时，公司每年帮助周边农户销售茶叶250多吨，解决了茶农卖茶难的问题。

坚持绿色发展，推进产业升级

一直以来，谢细和认为茶园的绿色高质量发展才是茶产业立足的根本，只有茶叶让人放心、安心，才能够打开市场、打开销路。公司一直将“绿色发展”作为公司生产的第一宗旨，采用了一系列先进的除虫设备，使用最前沿的技术绿色防控，例如天敌友好型LED杀虫灯、天敌友好型数字化色板、灰茶尺蠖性信息素诱捕器等。另外，公司对于茶园杂草的处理也与当地茶农达成了一致，即规避除草剂的使用，改用机器或人工除草原生态形式。

近年来，为推进产业升级，公司投入资金120多万元，引进了先进微波杀青、远红外线提香技术和成套名优茶清洁化加工设备，兴建了名优茶清洁化生产加工流水线。新引进的设备和技术可生产扁形、条形、圆形、卷曲形、针形等不同类型名优茶，增加了茶的品种，适应市场对多茶类的需求，提高了生产效率，降低了劳动成本，提升了质量档次，确保了食品安全，为企业奠定了开发拓展市场的基础。企业实现快速发展，并进入了一个全新的发展阶段。

推介企业品牌，拓宽市场渠道

公司以“质量求生存、信誉谋发展”为宗旨，以“科技、合作、服务”为经营理念，以“绿色、健康、和谐”为目标。市场营销策略以顾客需要为出发点，采取相互协调一致的产品策略、价格策略、渠道策略和促销策略，重点是在搞好市场调查的同时，找准市场定位，改进包装，实行双商标管理和品牌销售。公司每年投资50多万元，在温州电视台、中央电视台等媒体推介宣传泰龙茶业，同时积极参加温州早茶节和西安、上海、杭州等地茶事活动，推介公司产品，提高企业知名度。

公司在温州、杭州、徐州、苏州开设泰龙茶叶专卖店，诚信经营，为顾客提供满意的产品和服务，从而实现企业目标。由于公司生产的“三杯香”绿茶具有优质、耐泡、价格合理、消费层面广的特点，产品在市场受到越来越多的消费者喜欢，年年春茶期间供不应求，并形成一定的品牌效应，其中“天香一家”商标荣获浙江省著名商标、浙江省名牌产品和浙江省名牌农产品。

助力文化传播，建立茶博物馆

为更好地传播区域茶叶历史文化，公司还建立了泰龙茶博馆，其占地1000多平方米，含茶史厅、茶事厅、品茶厅、品牌厅及茶文化长廊等，以实物、图片、文字等形式全方位介绍泰顺茶历史、茶农事、茶品牌等茶文化，将其作为文化传承与传播的重要窗口。茶博馆内轻快悠远的古筝旋律回荡耳畔，伴随着茶艺表演和四溢的茶香，古老的茶壶器皿和制茶工具、一张张老照片默默讲述着泰顺与茶结缘的历史。依托茶园、茶博馆、茶文化长廊，公司探索发展茶园观光、绿道骑行等体验式骑游，以茶旅结合的理念打造“中国醉美茶园”，全方位展示茶文化。

30多年来，谢细和始终严格把控工艺技术，从种茶、制茶到销售，每个环节都亲力亲为、严格把关，凭借着制茶的匠心和科技致富的决心，带领万排茶农们走上了科学发展创业致富之路，推动泰顺茶产业转型升级，助力乡村振兴发展。

钟情于茶：四十余年如一日

文 / 苏康宝　整理 / 王思琦

四十余年如一日，钟情于茶、痴于茶，将茶作为一生的追求，她是温州市级非物质文化遗产温州绿茶（“三杯香”）炒制技艺项目传承人吴晓红。

16 岁的吴晓红已经和茶打交道了，她与泰顺县技工学校茶叶专业的五位同学一同在苍南桥墩精制茶厂学习传统绿茶炒制技术。

当时的桥墩精制茶厂虽已有机械制茶技术，但茶厂的老师傅们要求同学们必须学会炒制眉茶的全套技巧，人工完成全部流程，因为只有这样才能拉近人与茶的距离，将制茶过程中的品质变化严格掌控，做出色、香、味、形俱佳的好茶。回忆起这段经历，吴晓红最难以忘记的是学习各种筛茶手法。师傅们要求严格掌握端筛手法和把筛力度，将茶分类，并从中筛选出茶梗、茶籽和非茶类杂物。吴晓红印象里每天都要端着盛满茶叶的筛子不停地筛动，1分钟筛茶的次数多达二三十次。一天下来，她筛动筛子的次数可达上万次。每道工序的要求都是十分严格的，半点偷懒都不能有，直到傍晚收工她才可以休息。吴晓红的身影印在暮色里，青春的脸庞下拖着酸痛疲惫的身子。一杯香茗绝对来之不易。

时隔一年，吴晓红又被派到三洋坪茶厂学习炒茶。那时正值春茶采摘，炒制茶叶的工作繁重，通宵炒茶在茶厂已是家常便饭。吴晓红为了能够更好地学习炒茶技术，没日没夜地与师傅们一块儿加班加点。没人要求她这样拼，可她为茶却是心甘情愿的。

吴晓红这种勤学苦练的精神使她不断进步。

1982年吴晓红进入泰顺茶叶精制厂，从拼配员开始到后来担任技术副厂长，她对茶的探索从未停止，刻苦学习、钻研泰顺传统制茶技艺。1983年春节过后，她参加了浙江省茶叶公司在淳安县举办的为期一个月的全省眉茶加工技术培训学习班。吴晓红十分珍惜这个学习机会，她认真聆听老师授课，并记录要点，揣摩每一处技术重点难点。孜孜不倦的学习态度使吴晓红在结业考试中获得了第一名。

20世纪80年代，浙江省茶叶进出口公司在每年的5、6两个月份举行01唛质量会评会，吴晓红受邀担任拼配员，将来自浙江省各地不同产茶区的茶叶依其品质合理加工拼配，目的是使外销眉茶的质量保持在一个稳定的水平。评茶的评委们大都是茶界的专家泰斗和资深茶人，他们个个资历深厚。吴晓红在对照复杂的茶样同时，认真地将老师们的评语逐一记录，借此填补她对泰顺绿茶及各地茶叶形色味各方面知识的欠缺，累积了大量的经验。当时年仅20岁的她能够与这些前辈们共同工作，在吴晓红心中是难得、宝贵的学习机会。

浙江绿茶出口销量大，于是浙江省组建了一家茶叶进出口公司，由于初建，人员不足，吴晓红在淳安培训学习时的一位老师对她勤奋的学习态度和优异的成绩表示深深的赞许，他特意写信给吴晓红，征询她是否愿意来省茶叶进出口公司工作。一面是茶厂，一面是茶叶进出口公司，吴晓红一时不知该做何选择。正当其两头为难之际，吴晓红的父亲提醒她道："士为知己者死。人无论贫穷或富贵，首要的便是懂得感恩和回报。"茶厂多年来对吴晓红的培养才造就了如今的她。父亲的一席话点醒了吴晓红，答案已在她心头明确。

本是一路顺风顺水的茶叶之路在

1984 年遇到了难题。茶叶外贸转型，产大于销的现象遍布各地，吴晓红所在的茶厂因获得的外贸配额甚少而处于一个半关闭的状态。而她作为茶厂生产技术的副厂长却被委派协助计划生育工作。这一变故使她深思：一直以来的事业该就此放弃吗？她写信给杭州的师傅，倾诉内心的种种委屈和疑问。从 16 岁起习茶做茶，一路走来，她已经尽所能地将工作做好，茶叶加工的品质和技术都有了保障，为何变成如今这样的局面？吴晓红心中有无数苦楚和不甘。

茶厂与茶叶公司合并，她带领着几位同事承包公司业务方面的工作，一切看似都要好转的时候，茶叶公司遇变故宣布破产。

在父亲的开导下，吴晓红从绝境中走了出来，她决定将茶作为一生的追求，从一而终、坚定不移地走下去。1994 年，吴晓红成立了自己的泰顺县雪龙茶业有限公司，她将从茶厂学习到的技术继续延续、传承。匠心制茶，吴晓红公司的泰顺“三杯香”色泽翠绿，滋味浓醇，汤色清澈明亮，持久耐泡，三杯犹存余香。

时至今日，泰顺县雪龙茶业有限公司还持续加工生产泰顺黄汤、白毫银针、“香菇寮”白毫、“承天雪龙”等泰顺传统名茶，拥有茶园基地500多亩，厂房2500平方米，年加工茶叶600吨，集生产、加工、销售于一体，是名优茶生产及旅游的示范基地。

一直以来，茶对泰顺而言，不仅是一种产业，更是一种文化。泰顺县将“三杯香”茶作为茶产业的主导品牌来培育，以优化品种、品质、品牌为重点，不断提高品牌知名度。吴晓红也将自己多年积累的茶叶生产技术经验投入其中，为泰顺传统绿茶技术传承献出一份力。

在“精益求精创品牌，至诚至信求发展”方针的引导下，泰顺县雪龙茶业有限公司还推出了“日月井”牌产品作为主推品牌。“日月井”“三杯香”茶于春、夏、秋三季皆可采摘，尤以春茶为优，具大小均匀、色泽油润、清香持久等特点；共有绿茶系列和红茶系列两大类别。“香高、味醇、色绿”的“日月井”牌“三杯香”茶一上市便广受茶友们的喜爱，曾获温州市品牌产品、浙江省著名商标、“国饮杯”全国茶叶评比一等奖、泰顺县“三杯香”茶优质评比金奖等荣誉。在吴晓红心中，自己先是“茶人”，其次才是“茶商”。她希望将品质最优的茶献给所有爱茶之人。

吴晓红走过的茶叶之路很长，面对其中的困难，她从未想过放弃。未来的路上还有茶香伴随着她越走越远。

（部分内容来源于温州壹周刊及相关网络文章）

茶人叶斌：一生只为做一杯好茶

文 / 胡文露

叶斌，作为泰顺茶界的常青树，他是浙江御茗茶业有限公司的负责人，同时也是泰顺县工商联副主席、泰顺县侨联副主席、泰顺县茶业协会副会长、浙江御茗茶业有限公司总经理，泰顺县第八届、第九届政协委员，2014 年入选温州市十大“最美农业企业家”，2018 年被授予泰顺县级劳动模范，泰顺县十大制茶工匠称号。

凭着对茶叶的热爱与执着，叶斌从事茶叶工作一干便是 38 年。从起初 20 多平方米的茶叶店面不断发展壮大到现在的公司规模，成长为省、市、县三级农业龙头企业、省级科技企业。

1982 年，叶斌从泰顺技校茶叶班毕业，被分配在泰顺县供销系统从事茶叶生产、收购工作。当时正值改革开放初期，和很多同时代的“温商”一样，叶斌毅然走出泰顺，前往苏州创业，专门销售泰顺“三杯香”茶。经过一番努力，泰顺“三杯香”在苏州的市场逐步打开，口碑逐渐建立，产品深受广大消费者的喜爱。

故乡山水令人醉，魂牵梦萦游子情。强烈的故乡情结使叶斌产生了回泰顺经营茶叶的念头。为了更好地把握茶叶的质量，他决心从产品的源头做起，形成种植、加工、销售于一体的产业化经营模式。2010 年，叶斌回到泰顺创立泰顺御茗茶业有限公司，2014 年更名为浙江御茗茶业有限公司。

一直以来，御茗茶业紧紧围绕“农业增效、农民增收”这一主题，秉承以市场为导向，以创新为动力，以质量求生存，以诚信创品牌的经营理念，致力于泰顺茶叶的发展，主要产品有御茗乡村牌“三杯香”茶、御茗红茶，年生产、加工、销售茶叶 680 多吨，产值达 5363.5 万元。企业通过 ISO9001、ISO14001、生产许可 SC 认证，拥有“御茗乡村”商标。

千亩茶园再升级，把好产品质量关

为了更好地把握产品质量，夯实“三杯香”茶的原料基础，确保“三杯香”茶的优质、安全，公司在百丈镇飞云湖畔建立了千亩的茶园基地，先后投入 100 多万元，对低老茶园、基地道路、生产环境、厂房设备等分别进行了改造和更新。通过改造和技术提升，基地被认定为温州市茶叶标准化示范基地、温州市现代农业园区“茶叶精品园”，2017 年通过出口食品原料种植基地备案，2019 年通过“品”字标认证。

千亩茶叶基地亩产从原来的 80 斤提高到了目前的 150 斤，亩产值从 1600 元提高到 3000 多元，总产量从 48 吨提高到 90 吨，产值从 192 万元提高到 360 万元，增产 42 吨，增值 168 万元，取得较好成效。

通过抓产品质量，产品通过了“绿色食品”认证，“三杯香”茶在各项评比中荣获诸多金奖，于 2014—2015 年晋升为浙江省名牌产品、浙江省名牌农产品，2017 年获第五届中国茶叶博览会全国斗茶会“茶王”奖，2018—2019 年连获中国森博会金奖。2016 年御茗乡村商标被认定为省著名商标，进一步提升了“三杯香”茶品牌的知名度，品牌建设取得较好成效。

为确保茶叶产品的出厂质量安全，公司积极购置设备，建立健全茶叶检验和审评机制。长期以来，茶叶的出厂质量评审只是凭经验和感官来测评，缺乏较科学的依据。为把好产品出厂质量关，公司建立了茶叶检测、审评室，对茶叶出厂进行质量评定，在做好产品自检的前提下，还不定时地进行产品送检，并积极配合上级部门的抽检，认真把好产品质量关。

决胜全
决战脱

质量是企业生存之本，诚信是企业经营之道。公司秉承以质量求生存、以诚信创品牌的经营方针，取得了较好的信誉，近三年来，产品经省、市质检部门抽检，无不合格产品，企业无违法经营行为。2014年公司被推荐认定为温州市第十一届消费者信得过单位，产品通过“绿色食品”认证。2019年公司被认定为浙江省守合同重信用AAA级企业。

凝心聚力拓市场，产品升级促发展

以市场为导向，以创新为动力，在抓好产品质量的前提下，公司扩大品牌宣传，提高产品知名度。好茶还需勤吆喝，为打造品牌，提高市场占有率，促进销售，公司在苏州、温州、杭州等地设立了经销窗口，并积极参加各种展销会和推介会。通过一系列推介、宣传，产品在江浙一带享有较好的市场声誉。目前公司主要销售区域有江苏、杭州、温州、上海、广西、山东等地，并成为康师傅、统一等企业的原料供应商之一，产品甚至出口俄罗斯，具有较好的市场占有率和市场开拓能力。

人要衣装，物靠包装。为提升茶叶品牌形象，近年来公司申请了11项外观专利。目前包装规格多种多样，2013年公司还投资12万元购置了一台杯泡茶自动化包装设备。通过包装的开发、设计、规范，公司不但提升包装档次，而且满足了市场需求，进一步促进了“三杯香”茶的品牌形象提升，推动了市场开拓。

推进现代化建设，提高企业竞争力

为保障茶叶产品的质量、安全，优化茶叶生产加工环境，提高现代化生产水平，促进茶产业的发展，2017年公司又建起了集加工，研发，冷藏，旅游观光，茶叶技术、茶艺培训与茶文化弘扬宣传于一体的现代化厂房，目前已投资3500多万元，努力为农业增效、农民增收，为泰顺县茶叶的品牌建设与发展做出了一定的贡献。

近年来，御茗茶业通过基地建设、品牌打造等，以“公司＋合作社＋农户”的经营模式，带动了泰顺县金土地合作社及农户300多户，基地3000多亩。亩产从70斤提高到140斤；总产从105吨提高到210吨，增产105吨；亩产值从1400元提高到2800元；总产值从420万元提高到840万元，增值420万元，户均增收14000元，取得了较好的经济和社会效益。

传承的力量——访浙江卢峰茶业有限公司总经理吴建华

文 / 胡文露

在泰顺，有着这样一位干劲十足、敢做敢闯的“茶二代”，她不世故，也没有傲气，她就是青年女企业家吴建华。

来到位于泰顺县罗阳镇繁华街区的旗舰总店，我们见到了吴建华，这是她经营的 7 家品牌连锁店之一。

当时，吴建华正整理着父亲留下的一叠老资料，有交易凭证、提货单、购买证、收据、营业执照、荣誉证书等。这些珍贵的资料，是产业发展、时代变迁的见证，有着太多岁月的痕迹。这一切，吴建华都视作珍宝，细心保存了下来。

见到我们，她侃侃而谈，为我们讲述起“卢峰”的发展历程。

20 世纪 60 年代初期，百业待兴，卢梨村的集体茶厂因经营不善导致倒闭停产。作为村里有志青年，吴建华的父亲吴德王不忍看见已经有了良好基础的茶厂就此荒废，在 1972 年重新创办茶厂，鼓励在家务农的村民大力开山种植茶树，带动了村民经济创收，为卢梨村脱贫致富打下坚实的基础。如今的“卢峰”，已在吴建华的带领下发展成为一家集茶叶生产、加工、销售于一体的企业。

2001 年，因为父亲忙于茶厂的生产工作，销售工作无人托付，刚毕业不久的吴建华毅然决定担负起经营销售的重任，帮助父亲管理北京马连道的茶庄。年幼的吴建华因为从小耳濡目染，从懵懂到老练仅仅用了一年的时间，让本是无人问津的店铺开始有了转机，经营走向正轨，扭亏为盈。

随着生意逐渐步入正轨，吴建华兄妹三人开始联手布局全国茶叶市场。他们齐心协力将父亲的茶叶事业延续，2017 年扩建厂房 2000 平方米，如今，拥有现

代高科技流水生产线，联结合作社茶园面积达 1200 亩，自主黄金链花园式高山茶园 256 亩，带动周边茶叶种植农户 360 多户。至 2020 年底，卢峰茶业开设品牌连锁专卖店 7 家，经销商 75 家，茶文化机构 1 家。

2011 年，由于父亲身体出现了问题，一直在北京经营的吴建华回到家乡接手了父亲一手创办的茶厂。对于当时只懂茶叶销售的她来说，如何延续茶厂成了摆在面前最大的问题。此时的吴建华开始了漫长的学茶之路，正是因为有着坚定的信念，踏实肯干的吴建华经过短短不到一年的时间，便成了茶园里的行家、能手。注重学习积累的同时，吴建华也在不断拓宽视野，在传承中创新求变。

2015 年，吴建华的父亲因病去世。为了将父亲的“助人利他”精神传承下去，她为邻里的农户免费送去茶叶种植、采摘等方面的技术资料，同时还积极邀请“科技 e 联”党建联盟中的科技特派员到茶园为村民传授茶叶种植技术和茶叶病虫害预防、治理等方面的专业知识，带领卢梨村的茶农增收致富。

为进一步传播茶道文化，2020 年，在吴建华的努力下，泰顺县成立了茶艺协会并由吴建华担任会长。此后的她便更多地致力于茶道文化的传播，利用空余时间为茶艺爱好者开展公益性茶文化培训公开课，为大家提供了茶文化学习交流的平台。

目前，吴建华已取得了斐然的成绩，不仅把公司经营得非常出色，还担任了众多社会职务，身兼温州市茶叶产业协会理事、泰顺县茶艺协会会长、泰顺县工商联常委、泰顺县非公有制经济组织和社会组织党务工作者协会副会长、泰顺县青年企业家协会副会长、泰顺县茶叶协会副会长、泰顺县民营企业发展联合会副会长等职务。

一直以来，吴建华带领公司不断前行，获得了诸多荣誉。2014 年 11 月，卢峰牌茶叶荣获第六届中国（温州）特色农业博览会优质奖。2015 年 10 月，公司荣获温州市“百龙工程”农业龙头企业称号。2016 年卢峰牌茶叶获得了第七届中国（温州）特色农业博览会优质奖、2016 中国好茶叶金奖以及第六届亚太茶茗金奖等荣誉。2021 年，吴建华与鸟巢茶品牌运营方中鼎巢堂（北京）文化有限公司签订了卢峰牌茶叶开发与经销战略合作协议，为“卢峰”茶产业可持续发展打下坚实基础。

如今，泰顺县积极发现和培养“茶二代”青年力量，加大力度扶持龙头企业，全面推动茶文化的传承与发展。吴建华作为“茶二代”的典型代表，也将持续为泰顺茶产业注入强劲动力，带领“卢峰”朝着多元化、高科技的生态农业领域发展，打造泰顺好茶。

林美龙：无须为他树碑，他只愿《采茶舞曲》年年奏唱

文 / 张凌锋

当你听到林美龙的故事，你多多少少会感动。

一件事物喜欢到极致，便是毕生所爱，也让人有了为之奋斗一生的动力。林美龙想让《采茶舞曲》年年奏唱，于是，世界上多了一座《采茶舞曲》博物馆。

杭州日報
凤起泰顺
文明之旅-舌尖上的茶

听采茶舞曲
品三杯香茶
一品三杯香
淸香潤五臟
二品三杯香
蕩氣又迴腸
三品三杯香
精神格外爽
天下佳茗知多少
難得泰順三杯香

周大风先生创作的《采茶舞曲》以它优美轻快的旋律在创作之初就迅速走红，成为全国家喻户晓的曲子。1987年，《采茶舞曲》更是在联合国教科文组织第十二届亚太地区音乐教材专家会议上入选亚太地区音乐教材。目前全世界已发行的《采茶舞曲》唱片专辑有百余个版本。近年来，如G20杭州峰会、世界互联网大会、浙江省政府庆祝中华人民共和国成立70周年庆典等活动上，都曾奏响《采茶舞曲》。

站在这座博物馆门前，我真的无法想象这是一座传统意义上的博物馆。当我踏足其中，尤其是在“馆长”林美龙的侃侃而谈中，我感受到别有滋味。

《采茶舞曲》诞生地，偶像风骨再得传

《采茶舞曲》博物馆坐落于泰顺县罗阳镇仙居岭下村。尽管这里不是《采茶舞曲》这首歌的创作地，但是村中那片山垟坪茶园是周大风先生现场创作诗歌用以赞颂泰顺茶的故地。

我们可以想象当年周大风先生一边品饮着泰顺“三杯香”，一边望向茶园哼着《采茶舞曲》的旋律的画面。时节如流，歌曲吟唱到今朝，文化化为一座博物馆，全面、深入地展现先生事迹与风骨。

一座近千平方米的类似四合院的老房子倒也与大风先生的形象不谋而合。据林美龙介绍，他特意在博物馆附近开辟了一片茶园，种植着93（周大风于2015年10月11日93岁时逝世）株泰顺土茶树。土茶树每年限采能制作两斤干茶的鲜叶，取名为“《采茶舞曲》长寿茶”，用以每年清明和忌辰时祭祀周大风。这款特殊的祭品用一缕清香永远怀念周大风。

博物馆的装修风格很简单。除了满墙的文字展板是诉说故事的“窗口”，一台被称为“大风遗琴”的钢琴显得格外抢眼，这也是“镇馆之宝”。这架钢琴饱经风霜却依旧能弹奏出优美的旋律。黑白琴键不仅弹奏老艺术家的精神遗响，也象征薪火相传的缘分。

林美龙告诉我，周小风曾经这样当众说过：“林美龙先生非常有诚心，他对《采茶舞曲》是真热爱，我钦佩他的这份精神和执着。他是真心在做事。为了建这个博物馆，他花了很多心思，花了很多钱。我感谢他对我父亲作品的执着和珍视，也会一直支持他，希望他把博物馆越办越好。”除了感谢，大风先生的儿子周小风和侄女周山涓向博物馆捐赠千余件大风先生遗物，这其中就包括上述已经成为“镇馆之宝”的“大风遗琴”。

偶然得知采茶曲，寤寐思服终得愿

这场缘分，还要追溯到43年前。

刚满18岁的林美龙在山东济南参军入伍，在《人民子弟兵》的杂志封面上看到了那句“浙江民歌《采茶舞曲》”，一眼万年，仿佛有一种魔力把他深深吸引。有一定音乐基础的林美龙看着杂志上的曲谱用二胡演奏起来，轻快活泼的曲调不仅让

林美龙着迷，也吸引了众多战友与他唱和。都说爱一件事，久处便会发现其中更多美好，林美龙当时已经成为《采茶舞曲》的忠实爱好者。

1979 年的建军节，团部要举行文艺晚会，在战友的鼓励下，林美龙登台表演了二胡独奏《采茶舞曲》。已经有了群众基础的《采茶舞曲》的节目效果非常好，在改革开放的初期给人以一种扫清阴霾、积极向上的振奋感。

1982 年退伍回乡的林美龙偶然在浙江人民广播电台又一次听到熟悉的《采茶舞曲》。当时月薪 30 元的他为此斥巨资 38 元买了一台西湖牌收音机。通过不断地摸索，他终于摸清了广播的规律：每天早上开始和晚上结束各播放一次《采茶舞曲》。从此，林美龙每天准点守候，再一次成为《采茶舞曲》最忠实的倾听者。

后来，无论是 20 世纪 80 年代的磁带，还是 20 世纪 90 年代的 MP3，这些历史物件，都见证了林美龙对《采茶舞曲》狂热的喜爱——只要有《采茶舞曲》的磁带，他都会购买，什么版本的《采茶舞曲》他都会下载。他说："退伍至今，有空就会哼一哼、唱一唱、弹一弹《采茶舞曲》，这首歌俨然已经成为我的精神食粮，唱完神清气爽，弹完舒畅通透。"可以说，用"我为歌狂"来形容他一点不为过。

2012 年的一天，与第一次接触到《采茶舞曲》如出一辙，他建立博物馆的想法还是起源于一本杂志——《泰顺廊桥风情》。导读中的那句“《采茶舞曲》源自泰顺”给他的震惊大于欣喜。由于当时《采茶舞曲》的演唱版本众多，比较流行的版本是“年年丰收龙井茶，龙井香茶美名扬”。《采茶舞曲》不是描写的杭州龙井吗？怎么源自泰顺？一连串疑问让这位不曾醉心文化的人开始走上“寻根之旅”。

原来，《采茶舞曲》是由我国著名音乐教育家、作曲家周大风于 1958 年在泰顺东溪乡首创而成。随后浙江民间歌舞团根据演出需要进行不断改编。因缘际会，林美龙又成了周大风的忠实粉丝，于是想见一见周大风成为他的梦想。

从 2012 年开始，如何能够联系上周大风成了他新的“课题”。通过同学的多方打听，他终于在 2014 年 10 月通过周大风曾经的摄影师萧云集拿到了先生在杭州住处的座机电话。他如获至宝，生活有了新的希望，梦想有了实现的途径。此后的日子里，他每个工作日的工作时间一遍又一遍地拨打这个来之不易的电话号码。可是一连半年都无人接听，执着的林美龙想过这号码可能已经更改，但他不曾放弃，石沉大海般的电话在他的坚持之下终于等来接听者。2015 年 3 月，周小风接起了电话。交谈之下林美龙得知周大风因为身体原因已经搬至杭州老年公寓，周小风当天是替父亲回家拿衣物才接到这通电话。

因为这份坚持不懈和信念，回响已来，梦想不远。

世间已无周大风，《采茶舞曲》年年唱

念念不忘，必有回响。

在表明身份和诉求后，周小风表示要询问一下病重的父亲。又是一连多天的等待，最后等来了“同意”二字。林美龙立即放下手头工作，从上海动身，带着周大风先生最爱的“三杯香”茶去赴约。

彼时的周大风先生因疾病缠身非常虚弱。据林美龙回忆说：“当时周大风躺在床上气息奄奄，但他执意要坐起来，强打精神与我攀谈泰顺往事。我依偎在他身边，他的呼吸很乱，语速很慢。”这幅场景被林美龙描述得格外温馨且令人动容，动情又美好。

林美龙把想建立博物馆这个不成熟的念头告诉了周大风，周大风表示非常赞同，并为这个尚在雏形的博物馆题写了“中国泰顺采茶舞曲博物馆”和“泰顺采茶舞曲之乡”两幅字赠给林美龙。

彼时因病导致双目几乎失明的周大风用了一个多小时才写下这 19 个字。周大风是在周小风的帮助下，在林美龙虔诚的注视下，颤颤巍巍，一笔一画，停下休息又提笔完成的。因为看不见，也怕字影重叠，周大风先生把这 19 个字一个一个写在不同的宣纸上。或许周大风先生也是在为《采茶舞曲》文化努力地提供他最后的支持，表达他的期待。

其实当你第一眼看到这几个字，确实有些瞧不上，但你若知道了它是在怎样的环境与场景下诞生的，恐怕内心除了敬仰

赠林美龙
中国采茶舞曲

便再也无话可说。如今这几个字已经被雕刻在大石头上成为博物馆的门牌石，供世人凭吊与瞻仰。两幅墨宝已成绝笔，林美龙做梦都不曾想到周大风先生生前最后的几个字是写给他的，是写给他的博物馆的，是写给《采茶舞曲》的。

我去过泰顺很多次了，每次在茶园呼吸吐纳、在廊桥驻足、在碇步游走，都是心生欢喜的，但是第一次来《采茶舞曲》博物馆听到这段故事时，我潸然泪下。一位艺术家，一位企业家，成就了一段佳话，让《采茶舞曲》文化得以传承。林美龙说他会继续努力完善博物馆，发扬《采茶舞曲》的文化内涵。

当我们即将告别这座博物馆的时候，林美龙的电话响起，传来清脆的铃声："溪水清清溪水长，溪水两岸好呀么好风光……"那一刻，我懂了深爱入骨的滋味，《采茶舞曲》会一代又一代奏响。

猫狸坎：你也来学着做一回茶农

文 / 孙状云

曾经有茶友告诉我，去泰顺一定要去猫狸坎看看。

很多人从事茶，是为生计，或是作为一项终生奋斗的事业，但有些人涉茶，只是为了一个喜欢，玩着玩着便把这一份生计与事业也包揽了。置几亩茶地，在青山绿水的茶园间盖一处可以品茗的茶舍，忙时伺茶，闲来待客，以一颗茶心，芬芳了自己，也芬芳社交圈的所有朋友，这样的茶家生活也是我们所向往的。

9 年前，吴健接手猫狸坎茶场，除了喜欢之外，还有一份责任。他是泰顺的半个乡贤，外婆家在泰顺县雅阳镇东安村，自己在上海从事金融行业工作多年，事业有成家庭美满。9 年前，他外婆说村里有 200 亩茶园的茶场经营不下去了，需找个人接手，吴健想都没有想就答应下来，也没有去找其他人，就自己接手了。

吴健在上海有一份事业，茶场的事只有委托别人帮助打理。泰顺地处僻远山区，生态、绿色、有机，做出好品质的茶，这是他最先想到的，与传统茶行业的人涉足茶最先想到的是怎么卖、卖给谁不同。以吴健在上海多年打拼的经历以及人脉，这 200 亩的茶只要品质做好了，怎么卖不是个问题，怎么做好才是个大问题，所以他聘请了刚从泰顺农业局退休的陈美松老师作为专家，以发展有机茶作为目标，从品种改造开始，率先在泰顺引进了安吉白茶品种，千方百计尝试做一杯又高质量又安全的茶。

整整 9 年，吴健的茶场以有机作业的方式坚持下来，真的很不容易。主要是有机茶比传统茶投入大，产量也相对较低，有一年虫害几乎毁了整片茶园。不施农药，不施化肥，不用除草剂，除了科学的作业方法，更需要信念，看着有机茶园与别的非有机茶的长势与面貌差距，没有坚定的信念几乎支撑不下来。在茶场的生态系统中，他们引入了山羊养殖一环，让放养的羊去吃草，代替除草，又用羊粪作为有机料……9 年下来，有机茶认证、复检甚至抽检都没有出过问题。

茶季时,吴健会来猫狸坎住上几天,也会带朋友来。将茶厂的一部分设计成可以品茗体验的茶舍，这是都市人的情怀，上山采茶、观看炒茶过程，给新出炉的新茶以一种有仪式感的品鉴过程，这都是都市人的情趣，没有想到赶上了茶旅融合、茶休闲的时尚。吴健告诉记者，自己已经辞了上海的工作,全面接手了茶厂的管理,专心、专注做一个茶农，已经规划未来在茶厂周围建一处民宿，以都市人的情怀，来真正发酵一下茶休闲旅游的主题，品茗山水间，忘情猫狸坎，喜欢茶，你也来做一回茶农!

《采茶舞曲》诞生记

文 / 陈仲华

20 世纪 50 年代，周恩来总理经常到杭州视察，曾多次到梅家坞茶区，对浙江的茶叶和自然风光大加赞赏。1955 年春，在一次招待罗马尼亚艺术家的宴会上，周大风的同乡、浙江省交际处处长赵士忻对周大风说：“周总理说浙江山好、水好、茶好、风景好，就是缺少一支脍炙人口的歌曲来赞美。”由此周大风萌发了创作新茶歌的念头。

不日，周大风到延安时期的老作家陈学昭家中做客，她又跟周大风提起周总理关于创作茶歌的话，并说已遵照周总理嘱托，去梅家坞体验生活，正在写长篇小说《春茶》。陈学昭希望周大风先生也经常去梅家坞走走，创作出一首新茶歌来。周大风趁机请陈学昭写歌词，不久，陈学昭写了一首很长的散文诗给周大风，周大风觉得不适宜作曲而搁浅。

自那以后，周大风一直将周总理的期望铭记于心。为了早日写出一首新茶歌，他经常到梅家坞及龙井两茶区体验生活，但一直未能写出自己满意的茶歌来。

1957 年，周大风被任命为浙江省越剧二团艺术室主任。书记兼团长是新调来的俞德丰，他曾是二十军文工团团长、《志愿军报》副总编辑。因俞德丰的妻子李侠民是周大风同乡，所以俞德丰一来就与周大风拉家常，谈工作，每天看戏及修改幻灯字幕，找演员谈，找艺术人员研究。1957 年 11 月，俞德丰问周大风：“为扩大浙江省越剧二团及男女合演的影响，能否到北京举办‘现代剧汇报演出周’？这是全国其他剧团从未有过的，必须全团同志共同努力。”周大风提议：“可以用与众不同的男女合演、独特的艺术手法及现代剧，但关键要有新剧目的创作。”俞德丰同意周大风的看法，即向全团同志做动员，发动群众搞创作，以提高演出质量。听说要去北京演出，大家劲头十足。周大风又提出：一要充分发挥越剧男女合演现代剧之长，不能走女子越剧才子佳人以及皮簧诸剧种帝王将相之路，因这些是越剧男女合演及越剧音乐和表演之短；二是新创作的剧目必须有特色，题材与内容不能共性化；三要有一段时间去山区农村体验生活，为创作现代剧打好扎实的基础。

于是，团里计划在 1958 年 6 月前，先去浙南山区边演出边体验生活，并定于 6

月 6 日出省，先去上海，再到青岛和天津，最后一站北京，举行“现代剧汇报演出周”。

1958 年 2 月，浙江省越剧二团创作的现代剧目《金鹰》在杭州演出之后，俞德丰便带着全团 50 多人奔赴“千年不闻锣鼓响，万年不见戏台上”的泰顺山区。他们先搭汽车到景宁，后从景宁步行过泰顺乌岩岭原始森林边缘，跋山涉水到百丈镇，再步行到泰顺县城罗阳，在全县各区乡巡回演出。周大风则暂时留在杭州几天，参加浙江省市文艺界《金鹰》座谈会。会上，几十人发言一致肯定该剧的演出质量及男女合演音乐的成功。会后，周大风即发电报到泰顺，告知俞德丰此消息，以鼓励大家的创作积极性。

当周大风来到泰顺与大部队会合后的第二天，他便离开大队伍，独自一人背着背包跋山涉水，到泰顺各区、乡村中走走。目的是想独自行动，摆脱日常事务干扰，好静心思考周总理交代的写茶歌之事。随后，周大风又独自去泰顺、文成走了十几个乡镇。在泰顺泗溪、筱村等地，他走过几座大小不一的、古色古香的木质廊桥，有的还是明代留下来的。在文成南田，他参观了气势宏伟的百丈漈瀑布和美轮美奂的刘伯温庙等景点。

1958 年清明节前后，周大风又来到东溪乡茶区，住在东溪土楼。那是一幢三层的土屋，当时作为东溪乡大部队的办公楼，周大风就住在该土楼的第三层最右边的房间。

当时正值插秧和采茶季节，周大风常常独自一人到泰顺各乡村去采风。郁郁葱葱的茶园、云雾缥缈的山峦、泉水叮咚的溪流以及欢声笑语的采茶人，忙忙碌碌的春耕劳作场景，一派独特迷人的江南风光。周大风住在山民家，每天与茶农一起采茶、制茶、插秧，并积极探索当地的民歌、民风和民情，完全融入了泰顺山区农村生活之中。

山上妇女采茶，田里农民插秧，家里茶农炒茶……泰顺山村热火朝天的生产场景激发了周大风创作的灵感。1958 年 5 月 11 日晚，住在东溪土楼的周大风有感而发、由情而作，用一个通宵一气呵成写出了反映农忙生产、赞美泰顺风光的《采茶舞曲》，反映采茶生产和水稻生产的欢乐情绪。

5 月 12 日早上，周大风将创作好的《采茶舞曲》交给东溪小学师生排演，给小学生现场授课，没想到一节课下来，学生们一学就会背唱《采茶舞曲》。她们提着竹篮，随着乐曲欢快的节奏，很自然地模拟采茶动作，边唱边舞到校门外的茶园里，欢呼雀跃，采起了新茶……

《采茶舞曲》创作成功后，1958 年 5 月 14 日，周大风第三次长途跋涉从东溪走到几十公里外的泰顺仕阳区万排茶区继续采风。在万排茂竹园村，当时共有 7 座土楼，周大风居住在村里的下洋寨土楼。其间，周大风在当地供销合作社搭伙，与茶农一起采茶，与孩子们一起提水，与乡亲们一起唠家常。同样是山区农村一个个忙忙碌碌的春耕生产场景，激发了他创作灵感。5 月 14 日晚上，周大风在下洋寨土楼就着昏暗的煤油灯，开始创作现代剧，用了三天三夜写成九场大型越剧剧本，定名《雨前曲》。

1958 年 9 月 11 日晚，周大风率领浙江越剧二团带着现代剧《雨前曲》在北京长安剧场汇报演出。周恩来总理和夫人邓颖超观看了《雨前曲》后，上台与剧组的同志们谈了一个多小时。周总理肯定了越剧男女合演的方向，并说剧中《采茶舞曲》出现多次是好的，曲调有时代气氛，江南地方风味也浓，很清新活泼。只是歌曲中有两句歌词不妥要改："插秧不能插到大天光"，不然人家第二天怎么干活呀，这违背了劳逸结合的作息规律；"采茶也不能采到月儿上"，露水茶是不香的。周总理建议周大风再到梅家坞去体验生活一段时间，把两句词改好，到时要来检查的。周总理还对剧本中伸手向高处采及弯腰向低处采的采茶舞姿，提出一些意见。

回杭州后，周大风牢记周总理的嘱托，经常到梅家坞体验生活。但几年过去了，还是想不出比那两句更好的歌词。1964 年有一天，周大风走进梅家坞村口，突然一辆轿车停在他身边，从车里走出来的竟然是周总理。周总理问周大风，歌词改好了没有。周大风说还没呢，改不出来。总理告诉他要写心情，不要写现象。"插秧插得喜洋洋，采茶采得心花放。"周总理建议周大风这样改。周大风没想到总理日理万机，却这样关心一个普通文艺工作者和一首歌曲，几年前说的话竟然一直挂在心上，实在令人感动、敬佩。

此后，《采茶舞曲》插秧和采茶那句歌词用的就是周恩来总理修改后的新词。

经过周总理的妙笔修改，《采茶舞曲》被唱得愈发顺口，风靡全国，上至七八十岁的老人，下至十来岁的学生，都能随口哼几句。

《采茶舞曲》红遍中国后，浙江歌舞团、中央歌舞剧院都把这首歌作为保留节目，歌曲还被灌制了唱片、磁带、CD 片发行。1983 年，《采茶舞曲》被联合国教科文组织评为"亚太地区风格的优秀音乐教材"。

2005 年 8 月，泰顺县政府与周大风教授协议后，县人大审议通过，《采茶舞曲》被确定为县歌。

2016 年 9 月 4 日，出席在杭州举办的二十国集团领导人第十一次峰会的 G20 成员和嘉宾国领导人及有关国际组织负责人在杭州西湖景区观看《最忆是杭州》实景演出交响音乐会时再次看到了《采茶舞曲》的惊艳演出。

周大风创作旧址
周大风创作旧址

周大风创作旧址
周大风创作旧址
周大风简介

泰顺县首届茶文化艺术创意大赛『茶之缘』征文比赛一等奖

“三杯香”茶赋

文 / 张黎华（沧波）

东南之滨，瓯越之地，群峰叠嶂，山色摇青。山间多云，绕山成岚为雾；山间多水，汇流成瀑为溪；山间多林，林乃披风揽月；山间多桥，桥则凌空卧虹。斯地之境，景宜赏心，土宜植茶。斯地之茶，有名“三杯香”者，乃茶中之标格，饮中之名品[①]。一泡醇酽，可醉人心；二泡滋厚，始得其味；三泡清逸，芳润依旧。盖因三杯之香，得坤舆之灵气，时序之清芬，山水之甘泽，烟云之凝露，方成其三杯之誉。故具梅之清、兰之馨、菊之洁。其名抱朴，其表可嘉，其色清雅，其味隽永，其质自华，其声远畅。

吾邑好茶，呼朋邀友，每以茶为饮，煮茗而谈，当胜钟鸣鼎食，华馔佳肴。其时，帘卷山色，户纳清风，凭窗而坐，一座春风。于茗烟氤氲之间，时光安静之处，或论古今春秋，或笑尘世沧桑，或话前尘旧事，或忆浮生彷徨。至若峰吐好月，水流清音，花媚时序，节临清嘉，则杯中之茶，浮起三分春情，融入二分月色，添了一分逸气；坐中之人，自是清虚吐纳，物我两忘，禅茶一味，飘飘意远矣。

“三杯香”茶，虽非茶中极品，亦登大雅之堂。京华三月，两会云集。“三杯香”者，曾为特供之茶[②]。代表委员，啜饮之时，议论国是，指点风云。国之兴盛，民之甘苦，局之幻变，道之修远，尽在啜饮之间。茶虽小道，却蕴天人于一理，容大千于一壶。

酒乃豪士，饮者倚栏拍剑；茶为隐者，饮者消涤尘心。饮“三杯香”者，乃豪士中之逸人，隐士中之归客。出世、入世之间，俯仰浮沉之际，可臻庄周梦蝶之境，聊具范蠡五湖之心。诗曰：

汲得门前水几瓯，云山灵气助清幽。
三杯饮罢古今事，不负春风不负秋。

---

① “三杯香”，浙江泰顺名茶。
② “三杯香”茶在 20 世纪 90 年代，曾作为全国人民代表大会会议专用茶。

泰顺县首届茶文化艺术创意大赛『茶之缘』征文比赛二等奖

你是人间一味药

文 / 赖爱荣

甘露、灵草、叶嘉、涤烦子、瑞草魁、苦口师、不夜侯……每一个称呼背后都是溢于言外的喜爱和赞美之情，读之让人产生无限遐想，细品令人噙香生津。世间草木有如此多雅称的大概也就被茶圣陆羽称为“南方嘉木”的茶了。据说《本草纲目》有记载：“一药治一病，惟茶治百病。”这说辞未经考证，我却无端地愿意相信。

梁实秋说：“有中国人的地方，就有茶。”

似乎真是这样，好像就应该这样，事实就是这样！

于我家乡而言，有泰顺人的地方，就有“三杯香”。

我的家乡泰顺在“浙江之巅”。“远上寒山石径斜，白云生处有人家”在这儿是眼前实景，“山中何所有？岭上多白云”是白描手法的感叹。山高林密云雾多，适合隐居，也适宜种茶，且容易出好茶，因为茶在古时还有一别称——云雾草。这里的山常年云雾缭绕，我们生活在高山之巅，我们的茶树长在云端，得天地灵气之精华。你若是生活在泰顺或是来过泰顺，又恰巧在某个清晨在某处茶园等待日出时，邂逅过一场铺天盖地的云雾，你就知道我所言非虚。

泰顺人自幼与茶相伴，可以毫不夸张地说我们是吃饭长大的，也是喝茶长大的。茶香浸染我们生命的每一个阶段和生活的每一个场景，没有茶的生活简直不可想象。

春天的山上，茶树初发的嫩芽点亮我们眼眸，每一枚指向天空的芽头都是战胜风霜的旗帜，宣告着严寒撤退的消息。晨露未晞，采茶人已到山前。春光短，茶人知道九十日春光一过，这些茶树就过了花时。她们上下翻飞的双手争分夺秒采撷的是茶，也是日子里的希望和芬芳。竹篓渐满，鲜嫩的芽头饱满莹润，着实让人欢喜。

茶厂里，一口口炒茶锅摆开，每一口锅前都坐着一位专心致志的炒茶者。优秀的制茶师，他们的手可以精确测探出最适合炒制的温度。合适的温度和恰到好处的力度让来自山野的叶片心甘情愿臣服，褪尽青涩，收敛起身子里的清香，以另一种方式存在。

每一颗芽头都将在太阳下和再次翻炒之间做一个长长的暖暖的梦。新茶与一注

滚烫的纯净山泉水在瓷杯里相遇、热恋，当内敛的茶叶遇到奔放的沸水，茶香轰轰烈烈溢出来，满室芬芳。江南的碧绿、鲜嫩、柔情、甘醇，都在这碧色茶汤里了。里头盛着的，是江南乡野的一整个春天啊。

泰顺人爱茶，爱得单纯而热烈。曾经，在我眼里茶就是采自家乡茶山上的绿茶，仿佛世间仅此一款，不知道还有其他的茶，跟母亲那样天经地义。我们只管她叫"茶"，也不知道她还有另外的名字。采了多少年，喝了几代人，依然只叫"茶"。然而，当茶有了名字，这草木菁华，就有了人的款款柔情。"三杯香"，称不上曼妙的名称，却诚实得可爱，毫无心机，绝不虚饰，像那不施脂粉的清纯女子，与你素颜相对，没有城府，无须防备。我们以一颗轻盈玲珑之心品茶，手中这杯茶汤，每一口皆澄澈通透。

我们爱喝茶。累时饮茶解乏，熬夜时饮茶提神，饿时饮茶充饥，饱腹时饮茶消食，客来时泡茶叙情谊，独处时饮茶解闷……春天饮茶尝鲜，夏日饮茶解渴消暑，秋时饮茶降燥除躁，一杯茶里见天高日远，冬季热茶配咸菜，品味一年闲暇处，一杯一抔旧时光。家乡的茶耐泡，三杯之后犹有余香，故名"三杯香"。一杯茶一泡再泡，喝到茶色浅，喝到茶香淡，喝到话题远，喝得光阴里的苦涩都随茶香消散再回甘。

试问饮茶有多好？"不是容颜易老，是茶喝得少。"这句茶人爱用的广告语，能瞬间打动人心，比日本高僧荣西法师说的"茶者，养生之仙药也，延寿之妙术也；山谷生之，其地神灵也；人伦采之，其人长命也"通俗，比《神农本草经》说的"茶茗久服，令人有力、悦志"更有魅力，让人不由自主地想把自己泡在茶汤里，赢得青春不散场，慵懒在一缕茶香中，随风游荡。

从来佳茗似佳人，但佳人难得，佳茗易求。一款好茶不仅像年少的初恋情人，更像相伴终老的眷侣。爱恋她，不会有红玫瑰和白玫瑰的纠结。她是你窗前的那缕白月光，也是你胸口的那点朱砂痣。一杯在手，既温暖了岁月，又芬芳了时光。

记忆里有一帧画面特别珍贵：冬日暖阳斜斜照着，母亲在矮墙根下边纳鞋底，边跟织毛衣的小姐妹闲聊。她们身畔的矮几上，描花的木托盘里两盏茶冒着热气，碧绿的茶叶纤纤，在白瓷杯里随着茶汤载沉载浮，浮沉之间，渐渐舒展成婆娑姿态，吐出整个春天的芬芳。两碟咸菜静候一旁，粉红的酒糟腌嫩姜，雪白的盐渍萝卜衬得那两杯绿茶格外活色生香，明艳动人。当母亲放下手中活计，笑意盈盈地端起茶杯招呼小姐妹喝茶、尝咸菜时，那是我记忆里最美的岁月。有形有色，有滋有味的茶，是母亲的一晌闲暇之欢愉。只可惜在母亲生命里这样的惬意实在太少太少，好在我记忆里存有这一幕，权当思念母亲时一味解苦之良药。

一枚小小的芽头寄托着我们对已逝亲人的思念，这不单单是属于我一个人的情感。婆婆过世后第二年的清明节，我随众兄弟姐妹去扫墓。到坟上摆祭品时才发现漏带茶叶，众人一致认为少不得，茶必须有。先生说他老娘在世时就好一口茶，每日一大缸浓茶是少不了的。祭品或许可以没有酒，但不能没有茶，这茶还得是家乡的“三杯香”绿茶，其他茶老人家喝不惯……我们在坟山周围找了一圈没发现茶树，最后赶回家拿来茶叶恭恭敬敬摆在坟前祭台上。

那一刻我知道，杯中茶不仅仅是我们素日所喝之茶，更是对茶文化的无言传承，承载着“事死者，如事生”的恭敬之心，更寄托了深入骨髓的思念——我在人间供佳茗，愿有馨香到九泉。

茶是人间一味药，解却苍生百般苦。

女人的风景

文 / 葛权

女人饮茶是风景，女人轻啜浅尝的姿态最动人，特别是饮茶后那脸上的一抹醉红，更增添了平日不常有的美态。试想，繁星闪烁的夜晚，在一扇窗前，室内灯光如月似水，将一曼妙的女人倩影印在薄纱间，听她端着茶杯，感叹“好山好水出好茶”，吟着“午后昏然人欲眠，清茶一口正香甜。茶余或可添诗兴，好向君前唱一篇”的绝佳茶诗联句该是怎样的一番风景，怎不让人浮想联翩?

我喜欢茶，讲究的是口感和味道，更喜爱的是它的底蕴。我的饮茶习惯深受中国渊源的茶文化及传统礼仪文化的熏陶，爱饮一些如泰顺的“三杯香”这样具有本土特色和茶文化特色的名茶，才能更加衬托东方古典美女之神韵。故而我每次喝“三杯香”，总是要在晚上亮一盏灯，透过液体，看得到茶水，也看得到漂漂亮亮的茶叶，仿佛自己在慢慢地升华。茶是女人钟爱的，也许因为它的味道，也许因为它的颜色，也许更因为它对女人的身体有着莫大的益处。茶对人身体的益处是显而易见的，它能消食化痰，清胃生津。常饮茶，也有温胃、暖胃的奇特功效。大多数女人喝“三杯香”茶更多的是看重它的品位。不管别的女孩喝什么样的茶，总之我喜欢“三杯香”。

女人喝茶也有自己的偏好，喝自己喜爱的茶品牌。或公关、朋友聚会、战友联欢；或生日宴会、亲人相聚、姐妹小酌，茶桌前总是飘过女人婀娜多姿的身影，柔和的灯光下，诱人的液体里总是洒下女人银铃般的欢笑声。我久而久之也爱上了那份青春中透着的飘逸，洒脱中洋溢着的自信。自我标榜一下，这就是茶中的我。

我与茶结缘，是在一次朋友聚会上。朋友是一个成功商人，经常来往于浙江与武汉，他一直喝“三杯香”茶。同他见面时，他给在座的每人点了一杯精美的茶。轮到我时，我说：“我们女人不喝茶。”朋友哈哈大笑，说：“你是个小女人，而今世上有几个美女不喝‘三杯香’茶的？”我说：“我是丑女，喝茶就更丑了。”朋友又说：“你只要再稍打扮一下，就要把明星比下去了，要是你喝上我这茶，就更显得高贵有风度了。”我说：“真的？”朋友说：“我若骗你就不是朋友。”再说此茶有似莲子蕊色，香气清幽，含绿豆清香，滋味浓。它香高味醇，因冲泡三次后仍有余香得名，是无公害化生产的绿色有机茶。于是，我就喝上了。没想到这一喝，还深深地爱上茶了，离不开“三杯香”茶了，也收获不少。从此，我与“三杯香”结缘。

女人喝“三杯香”茶要有女人的风采，女人的风度。喝“三杯香”茶就如同喜爱一个人一样，感情专一，这辈子就是这个品牌的茶了。我一般要保持常年两颊绯红，面若桃花，明眸皓齿，光彩照人为最好。若是喝酒，则会使我花容月貌无颜色，面色苍白，言语有失，丑态百出。我喝“三杯香”茶要轻启朱唇，点点醇香，慢慢入口，悠悠品尝，在时尚中体现着大家闺秀的气质。那种感觉，觉得天上的神仙也不过如此。

朋友们都说，我喝“三杯香”喝出一定的情调和功绩来。真的，我这个爱写的女人喝了茶后，洋洋洒洒，思路飘飘，神笔挥挥，成就一篇篇佳作，多次获得国家级文学大奖。

在繁星闪烁的夜晚，在梦与醒的边缘，或小桌前、或凉亭下，与挚交、与故友一起喝“三杯香”茶，对茶当歌。在茶中宣泄人生的烦恼与疲惫，在青春的脚步中涤荡着阳光的快乐，在悠悠岁月中品尝着生命的永恒。

茶是女人的红颜知己。它古色古香，冰清玉洁。那丝丝缕缕的淡淡的芳香，有着纤纤素手、莹莹玉足的美丽，象征着高雅的文化品位、厚实的知识底蕴和正确的价值取向。

我要告诉喝“三杯香”茶的女人，品茶的时候，最好不要同时喝其他的茶。茶混在一起味道就不再纯粹了，也许把你感觉破坏了，你会一辈子不想喝“三杯香”茶的。“三杯香”茶系采用泰顺深山茶园中的茶树之细嫩芽叶，精工细作而成。其外形条索细紧，毫锋显露，大小匀称，色泽翠绿，栗香馥郁持久，滋味鲜爽丰厚，汤色清澈明亮，叶底嫩绿鲜活。此茶以“香高味醇，经久耐泡”而著称。早在元代之前，泰顺县就已经开始栽植茶树。明崇祯年间，泰顺名茶就已远销马来西亚、新加坡等国际市场。知性的女孩，你懂的！

“三杯香”帖

文 / 李雪丽

一

每一株草木都自带神性
茶，是草木中的女菩萨
神农尝百草，它解百毒
柔荑一样抚过人的五脏六腑
从“查”到茶，从使命到本命
第一枚胚芽，被青鸟唤醒
舒展开腰肢，畅饮生命之水
润根润叶濯心
在风起雨落中，捧出缕缕清芬
从此，南方有嘉木，幽居在深山

二

“三杯香”茶是否也是受命不迁?
如一位忠贞的隐士，只植根于
泰顺的山水
深山如古寺，大片茶树日夜修行
每一枚叶子都是一行佛语
碧透，慈悲
茶香弥漫时，它熬成了一粒药
人间的病在人心
需要碧芽清水来救治
而弱水三千，只取树下一瓢
一饮而尽的，还有
茶与水的爱情

三

江边听雨，湖心看雪
邀一壶茶同归于苍茫
茶叶舒卷，清气氤氲
煮一段寂静的时光
消磨尽胸中块垒
此刻，“三杯香”茶汤如拂尘
拂去心中贼
一苦二甜三回味
把栏杆拍遍，天涯望断
人生来去若飞鸿
莫如携一壶“三杯香”茗，独上高楼

泰顺县首届茶文化艺术创意大赛

『茶之缘』征文比赛 三等奖

在泰顺，遇见“三杯香”

文 / 陈于晓

一

在泰顺，从指间逸出的雾气
也许缘自青山隐隐处的茶园
也许所见的无非一缕“三杯香”的气息
在泰顺，面一壶“三杯香”而坐
岁月一下子就安静了下来
品一口“三杯香”，舒泰
再品一口，顺心
又品一口，仿佛就入了仙地

二

那些纯净的云雾
缭绕在高高的海拔之上
一座座峰峦像一把把的壶
也许春山如煮就是这般的模样
溪流、日照、温度、土壤……
一年又一年，在声色不动之中
为泰顺，做着一杯有声有色的好茶

三

喜欢“遇见”这个词
像是意外的一次相逢，也像是
邂逅了前世修得的一次回眸
这些都是偶然的事物。但遇见泰顺的
“三杯香”并非偶然。层峦叠嶂中
茶园隐了又现，现了又隐
云雾和采茶人，在湿漉漉中
若隐若现，我所听见的滴答之声
一会儿就充溢了世界

四

此刻，阳光是清丽的
“溪水清清溪水长……”
《采茶舞曲》把故乡安在了泰顺
白云的舞姿轻盈，秧苗的舞姿柔软
清风中，茶已忘记自己的舞姿
茶只跟着采茶人起舞
一朵朵小阳光在指缝之间跳跃
一枚枚茶芽像芬芳的小翅膀
我只记得那晃动着的小茶篓
把溪水的潺潺，晃成了天籁

五

我只记得在泰顺的采茶时节
空气微醺，我在清香中一路游动
山花开得寂寞又热闹
蝴蝶仿佛是从梦境中翩翩而来的
云影和波光，就渗透在一壶“三杯香”中
你理不出来。茶水很浅
却让你，醉了个恍惚。恍恍惚惚中
一整个泰顺，就化作了一壶“三杯香”

六

汤色清澈，还原着泰顺大地的
原汁原味；高香持久，被时间
腌制的阳光、雨露以及温度
总有淡淡清香萦绕着身与心
味厚鲜醇，那是从厚厚的泰顺底蕴中
取出的新鲜烟火；叶底嫩匀
让我想及了春夏秋冬
那一种生活的安宁与井然有序

七

是的，在泰顺，流年是安静的
在安静中，我泡上了一壶“三杯香”
这盈盈的茶水中，滋滋冒着的
应是“负氧离子”。在天然氧吧泰顺
一壶“三杯香”，就是一座小小的氧吧
品茶，慢慢地，我就在氧吧中入座
在泰顺，我终于找到了
“人在草木中，草木在心上”的意境

八

也有廊桥，或者说是廊桥的影子
在一壶“三杯香”中漾着
廊桥是泰顺的廊桥
如同“三杯香”是泰顺的“三杯香”
出群山怀抱，路过一座风雨廊桥
喝上几口“三杯香”，又入群山怀抱
当你走不出群山绵延的泰顺时
一样地走不出“三杯香”的悠远与辽阔

九

又响起《采茶舞曲》了
在泰顺，这茶的舞台，时而隐藏在
崇山峻岭之中，时而也呈现在
灯火璀璨的剧院里。如果可以
我将从“舞”中取出三杯的香
第一杯，敬苍天和日月星辰
第二杯，敬大地和风雨雷电
第三杯，敬生生不息的烟火与人家

绿水青山香茶

文 / 付桂泉

“何处觅乡愁，满目风光古土楼。绿水苍山丹青镂，参差。十里烟雨十里沟。吠犬间鸡鸣，露水重重迷地畴，引伴呼朋和歌走，撷茗。岚霭湿袖白鹭游。”这首《南乡子》是洪斌毕业前赠予我的，说这是他家乡泰顺采茶场景的真实写照，我喜欢喝泰顺“三杯香”茶也是受洪斌影响。洪斌是我的研究生室友，也是好兄弟。洪斌的名言是“抽烟是恶习，酗酒是陋习，唯有喝茶是良习”，此人嗜“三杯香”茶如命，每天都要在宿舍喝上很久。喝茶也是我的一大爱好，简直到了“宁可食无肉，不可饮无茶”的地步，而我最喜欢的茶非泰顺“三杯香”茶莫属了。记得读书时候，每天最惬意的时光莫过于周末泡上一壶泰顺“三杯香”茶，在宿舍消磨午后的闲暇时光，在茶香的缭绕中，我们或静坐读书，或指点江山，实乃人生一大乐事。洪斌的老家在泰顺，家里世代种茶、饮茶，这泰顺“三杯香”茶就是他家乡的著名特产，每年他都会带上一大包到学校和我分享，即便是工作以后，每年新茶上市，他总是邮寄给我一大包，多年以来从未间断。

研究生快毕业的时候，品学兼优的洪斌竟然决定回乡任教，看着他坚毅的面孔，我十分费解：好不容易从农村“鲤鱼跳龙门”，为何最终还是要回到农村呢？洪斌看着远方，缓缓告诉我：早年他父亲在工地干活不小心从脚手架上摔了下去，腰落下了毛病，从此不能干重活了。全家的收入就靠母亲种的几亩茶园，生活很是拮据。父亲常年吃药，自己考上大学后家里甚至连学费都拿不出来，全靠村里人你一百他五十地捐款凑出来的，这份恩情他一直记在心里。经过他的调查，发现他们老家农村条件比较艰苦，教育资源有限，很多支教老师去了一两年就受不住艰苦离开了，他中学三年就更换了三任班主任和数学老师。乡村中学升学率低得可怕，这并不是学生比城里小孩子笨，而是太缺老师了，所以他想回去改变这种现状，让更多的农家子弟跳过龙门改写命运，也算是对乡亲们的一种报答。就这样，毕业后洪斌义无反顾地回到了家乡，开始了他的乡村教师生涯，因为是研究生学历，知识面比较广，加上工作勤奋刻苦，教学成绩一直名列前茅，年年都能获得学校的表彰。

一次偶然的机会，我去泰顺出差，处理完公务，还有空余时间，于是决定去找洪斌，偷得浮生半日闲。到的时候是中午，洪斌正在山上采茶，看到我来远远地向我挥着手。我激动地一路小跑，洪斌的脚却像长在了地上，一步也不挪，一边采茶一边滔滔不绝地对着手机自言自语，还不忘见缝插针地和我打着招呼。这洪斌，葫芦里到底卖的什么药？难道多年不见，我们之间竟如此生疏了吗？走近一看，原来洪斌正在直播，通过网络介绍他的特产："泰顺'三杯香'茶历史悠久，始于唐代，其外形条索细紧，毫锋显露，大小匀称，色泽翠绿，栗香馥郁持久，滋味鲜爽丰厚，汤色清澈明亮，叶底嫩绿鲜活。滋味鲜醇，风格独特。内含茶多酚、氨基酸等多种有益物质，是真正的生态茶、健康茶，喜欢的朋友双击加个关注，谢谢！"我一听扑哧一笑，禁不住揶揄起来："你这不是王婆卖瓜自卖自夸嘛？"洪斌羞赧一笑："自卖是不假，自夸却未必，因为这泰顺"三杯香"茶配得上这样的夸奖，的确名副其实。来，我给你泡上一杯。"说完，拉着我走进半山中一间简易的棚屋里。

阳光明媚的午后，洪斌惬意地拿出心仪的茶具，仔细地擦拭干净，取一小撮茶叶放于其中，我听着它们坠落的清脆响声，叮叮当当甚是悦耳。洪斌将热水注入，叶片如涸辙鱼儿得到了活水般游弋，婆娑起舞，原来干瘪褶皱的外形也在水的滋润下焕发生机，慢慢舒展开来，渐渐地，清香随着水汽氤氲而出，我如同宣纸，被濡湿了。轻轻地端起紫砂杯，温热透过厚厚的杯壁传到我的掌心，缓缓地呷上一口，丝丝苦涩在口腔里滞留，咽下去竟然唇齿之间有淡淡的回甘。茶汽袅娜向上，在阳光的照射下显得扑朔迷离，洪斌那张灿烂的笑脸呈现在我面前："这茶怎样？"我再细品，隐约间有一股松木烟火味，我放下茶盏，询问道："茶叶是用松木引火翻炒的？"洪斌双眼一亮，赞许地说："想不到你这城里人也是行家里手啊！"我一笑："这不都是跟你这位名师学的吗？"接着我又疑惑不解地问："你不是回乡支教了吗？怎么又改行做起了主播？"洪斌开怀一笑："今天周末，我就利用空闲帮家里采茶，顺便通过网络帮助乡亲们宣传、销售我们家乡的泰顺"三杯香"茶。现在国家大力提倡乡村振兴，对农村硬件投入很大，你看，以前闭塞的山区现在也有了网络，加上现代化物流的加持，我们本地的茶在网上就被抢购完了，没有了中间商赚差价，茶农和消费者都能得到实惠，看到乡亲们因为腰包鼓了而露出的幸福笑容，我觉得当初选择回来是无比正确的。"想到他在农村生活的不易，我不禁鼻翼一酸："但你这样也太辛苦了，也总得给自己留点休息的时候，身体是革命的本钱啊。"洪斌动情地说："你看这茶，吸天地精华，占尽五行八卦，金木水火土，没有一样它没占的，但是呢，它也受尽人间煎熬，风吹日晒雨淋，最后被铁锅炒被开水泡，这样才能泡出它自己的香气来。人又何尝不是如此呢，不经历风雨的肆虐，怎能见到彩虹的绚烂？我想趁着年轻多做些有意义的事情，再苦再累也不怕。"顿了顿又自豪地说："现在农村的变化可真是日新月异，再也不是从前贫穷落后的代名词了，农村的广阔天地也可以大有作为啊，我的那些走出农村的学生都给我留言，说大学毕业后也要像我一样回到家乡、建设家乡、美化家乡呢。"

我听了也感慨不已，感慨洪斌的宽广胸怀，更感慨农村的日新月异，环视着漫山青翠，我不禁由衷赞叹：这绿水青山不就是金山银山吗！

相陽橋

泰顺美意，茶香起笔
（现代诗）

文 / 王德新

茗烟，鼓点
恰似一对摁扣，二者轻轻一碰
整个泰顺就会严丝合缝
“三杯香”茶，蔓延开来
浸透一座城

一株茶树，把花蕾折叠起来
待香气挂满枝头
才向大地报告喜讯，答谢田野的美意
那含蓄起来的全部馥郁
缓缓释放，足以洗心革面
山花一点红，染了春风
鹭影燕鸣，醉了泰顺的城
从泥土到芳香，中间只隔着五谷丰登
泰顺啊泰顺，一喊一听
便是满街茶香
春意爬过山麓
一滴水滚落，一口咬住石头
石头第一次品尝了水的甘洌
由此，石头便懂了清澈
是的，泰顺的一滴水救活了一块石头
一片茶叶的惊讶，也刹住了奔跑的群山
泰顺美意，茶香起笔
次第展开宏大叙事
彩霞，金莺，古槐，种茶人，设计师
与一位吟唱茶歌的诗人协商千年
终于求出世间最美的公约数
然后去了同一个地方

一抹茶香，纵深泰顺的缱绻与风调雨顺

文 / 钟志红

一

铺开四百年宣纸，一枝嫩芽惯性
笔直《采茶舞曲》玉音。坐标“三杯香”
不变的基因附丽每一个早春的节日
讲解同一个染色体的传奇

回望充满怀想，更丰腴一种瞭望
万水千山送别炊烟，却辞行不了皱褶的方言
一季又一季地激活冬眠的日月精华
重拾儿歌的纯然，枝丫制高点的方寸之绿
清晰一帧玉色仙姿的知音背影

清明的第一场雨，润滑怡人蜜香
不再一意孤行地魂牵梦萦，含蓄表白
采茶姑娘在茶园挥舞丝巾
以虔诚的徒步丈量一座茶园主题
以温度恰当的水，沏开一杯似海深情
寄存羞涩的茶叶，吸吮清风递来的慷慨
眼见为实。我与泰顺茶，向阳而生

二

有一种渴望，市井少一些轻浮
有一种愿望，将凌乱的思绪梳理
还有一种展望，邂逅修行
无踪无影。一夜风雨弹尽粮绝
一块山石盛开花朵，或禅意
以默为辩。审美无视白驹过隙的晨露

保持茶经恒温剔透晶莹的属性
贴近山高水长，零距离清风朗月
相约在万排茶园那一抹晨曦下

三

拴不紧的夜晚，我客串一颗流星
走远了的乡愁。从不云游的“三杯香”
一抹芝兰之气，私酿一汪思乡的浓酽

触痛那一封最是柔软的家书
功名很大，却装不下一片茶的农历
终生都在消化一棵茶树的絮语
来自泰顺的无字歌谣挺起翾飞的云
却没能兜住一滴泪的逃离

走惯了茶山的儿女，走不出茶汤边境
烙在城市的脚印，四十三码的邮戳
满怀叶片的鲜绿。一声声呼唤
抒情母性蛰伏在东溪深处的挂牵

老宅的每个角隅窖藏茶歌无尽的温暖
布谷鸟的高分贝在屋檐下晃来荡去
伴乐采撷仪式高频率、快节奏的裙摆破雾
风情乡村降服山岭江湖的桀骜不驯

四
行走在版图的细节里，茶乡听涛
朔风如昨。一叶驾尘驴风的绿舟低吟浅唱
虚构主人的骨骼、鲜活茶园这枚胎记
一叶旁逸斜出，一树形销骨立

隔着山读茶绿，踏入水品翠润
泪目模糊了写给风雨的诗曲
跟鲜花名气无关，与香高流芳相系
柔指轻拈情歌，不老的味醇
洇润“国泰民安，人心归顺”遒劲

时光虽远走他乡
“三杯香”仍飘祖籍

泰顺香茶的呼唤（组诗）

文 / 王宏侠

一

藏不住弥漫的雾，藏不住多情的雨
一些发光的词儿，去一沟沟一垄垄
一排排一行行的茶树上雀跃
茶香在穿插，在叠加，在升华……
“三杯香”茶的光芒，高过云雾
低于村庄，覆盖了泰顺
雾霭濡养了茶，茶孕育了雾霭
高山与云雾耳鬓厮磨，琴瑟和谐
举案齐眉……

二

歌声飘过来了，是诞生在泰顺的
《采茶舞曲》，是被香茶浆洗了
无数遍的悠扬旋律，人还没看到呢
已听到了婉转动听的歌唱……
《采茶舞曲》带来阵阵芳香，醉了群山
醉了茶园，醉了采茶女
泰顺茶香随着《采茶舞曲》
柔美抒情，不绝如缕……

三

我深爱“香高味醇”的“三杯香”茶
她是翩跹于杯盏中的蝴蝶
是我舍不得放下的阳光雨露
我的文字也醉在其中——
我深爱泰顺炒青绿茶
她“芽叶肥壮，白毫显露
清汤绿叶，香高味醇”
氤氲茶香扑面而来，鸟语花香
在杯中，被唤醒……

四

这是一杯始于唐，盛于明清的经典
一轮明月勾兑了她的前世今生
茶叶很轻，丰实着康健的宗教
茶花绽放，洗亮了纷扰的红尘
这是泰顺香茶的呼唤，一杯就
唇齿留香，茶香飘逸
而我在弥散的茶香中
如沐春风，如坐云端……

泰顺县首届茶文化艺术创意大赛『茶之缘』征文比赛优秀奖

试茶

文／彭彪

知友千山外，相赠泰顺茶。
或名曰晏月，或名曰雪芽。
柴烟催灶火，一一试绿华。
水冲白瀑落，茶起碧螺斜。
叶溢幽燕气，杯浮洛城霞。
似侠客舞剑，似倩女浣纱。
群宴恣欢谑，孤盏莫咨嗟。
努力赴明日，餐饭自相加。

茶园

文 / 李鹏星

落入茶园的点点雨水，
那是上天赐给泰顺的滴滴恩惠

早春茶园的嫩嫩鹅黄，
那是茶儿生命延续的灵性轮回

吐在茶园的尖尖雀舌，
那是茶神赐“三杯香”的莫名高贵

含在茶园的朵朵蓓蕾，
那是采茶妹子留下的羞涩心魅

落于茶园的伶仃花萼，
那是茶花留给茶根的护身甲盔
遍及茶园的姗姗绿影，
那是茶姑留于泰顺的乡野妩媚

旺季茶园的葱葱墨绿，
那是时令赐给茶山的生态翡翠

悬挂茶园的晶莹露珠，
那是土地赐给茶枝的玲珑耳坠

淡季茶园的宁静疲惫，
那是爱神赐给茶山的催眠抚慰
挑出茶园的担担绿茶，
那是茶农辛勤耕耘的丰硕回馈

飘在茶园的曲曲茶歌，
那是泰顺纯朴民风的经典拷贝

游离茶园的缕缕暗香，
那是“三杯香”散发出的茗茶芳菲

笼罩茶园的森森气场，
那是苍天赋予茶山的厚重氛围
纵横茶园的系列茶阵，
那是时令付与茶山的啸啸余威

光顾茶园的晚照晨辉，
那是江山惠予茶山的时空秀美

浸润茶园的千载传承，
那是春秋赠予茶山的绵绵韵味

赞誉茶园的朝野口碑，
那是“三杯香”茶持有的高雅品位

在“三杯香”里与泰顺结下茶缘

文 / 赵洪亮

一

泰顺，去东溪乡
鸟啼，鸟的振翅音扑面而来

枝叶虚掩，溪水的外衣
溅起水花
被阳光的右手再次撒进静水

中国茶叶之乡，那个虚拟的册页
无须彩绘的江山如此多娇

二

谷雨前后，山水萌动
茶芽在浅风中窃窃私语
“三杯香”，只取细嫩芽叶
香高味醇
一片茶的江湖，神清气爽

涧谷，山峦逶迤
一幅立体卷面构筑山川秀美
蓬勃已经无须表述
拐进弯道的山村不经意
成为抒情白墙黛瓦的浪漫主义者

三

去采茶
时不时有野花
用好奇的目光打量着我们
茶山，堆绣一幅卷面，数不清的嫩芽
雕刻在诗意的三月

山风骑马走过
一阕词平仄在路上
那些低矮的词，居然挺拔起来

四

此时，茶树是安静的
不像那只敏感的蝴蝶
在我的目光抵达之前
就已经打开翅膀朝着三月的深处飞去

而疏影婆娑

像是向大山索要一个秘密

鸟啼，虫鸣还大山一个清白
那条小路更像一条白蛇
或是一根麻绳隐去了腰身的那端

小溪走着走着就失去踪迹
仿若时间丢失的玉器
留下一片潮湿的水
收留一截时光遗落的秘密

五
在山村品茶
需漱口净手，剔除五味杂陈
来自茶场的嫩芽
果然沾染了山水的灵魂

摘几片茶叶放进嘴里
细咂，慢品，起始味苦
舌尖上稍做停留，袅袅水烟
携带一缕香茗
茶水里缓缓弥散的禅意淹没味蕾

六
在这里，时间只是一个隐喻
吹皱的溪水风平浪静

唯有那只参透生命的蝴蝶
悠然于时间之外。

我必须承认自己的浅薄
需要一片茶叶
泡出醇厚的感悟来验证

取一片“三杯香”折返茶经
燃一炉新火，泡茶，泡过往
泡一壶澄明的新词素描山河

直到瘦不下来的浮躁
皈依在瓷杯，沉入底部的生活
岁月静好

七
紫砂壶，仿若驿站
时间卸下疼痛与婆娑
伴随一片茶叶温柔在深山茶园

内心那片久违的蓝
被鸟鸣啄开，将一滴茶润泽的字里行间
词语的轻，不足以拾起逶迤与辽阔

还好，我们只是路过
并不想打搅嫩芽拔节的律动
开花也好，结果也罢

任由它们完成
了却一个生命体答谢岁月的轮回

八
深呼吸。从古老的经卷
邀约灵感

曾经神秘的“三杯香”茶
在三十七万多泰顺人的智慧
和勤劳下昭示一个时代的颂歌

茶乡，我的向往（组诗）

文 / 黄南英

万亩茶园

阳光在湿润的风中跳舞
一片片叶子深陷于翠绿的呼吸里
柔嫩的枝芽尽情地触摸阳光
每一次都获得了惊奇

这万亩茶园是一幅巨大的画卷
徐徐展开了茁壮成长的力量
似乎从不隐匿自己的秘密
始终保持欣欣向荣的模样

穿过茶园的那条小路
是风踩出来的吧
春天，从一个茶芽中醒来
春天是一只淡绿色的茶盅吗？
斟满星月的光
溢出新茶的香
流出鸟儿谱的歌和溪流吟的曲
月亮升起来
照亮岁月和一行行茶树
如绿茶般丰盈的光
再一次穿透这个叫泰顺的地方

茶乡，我的向往

茶乡的名字
和这杯茶一样的静美
想象苏东坡在某个午后
啜饮这梦幻般的奇异之汤
灵感在云雾沸腾中升华

以唐诗之灵宋词之韵
我想勾勒出云雾中的超逸茶树
它的幽香
与故乡的少女不期而遇
它的安静，在一杯绿茶中
岁月有味地沉淀

叶脉会瘦，芽尖会萌
一些遇见，美到白头偕老
不负韶华，怀着一颗感恩的心
默念，每一段故事
每一次悸动都是最美的茶乡情怀
我愿永远地站在茶乡的山脊上
呼吸这亲切的“三杯香”

茶乡信念

根在黄皮肤的泥土里
心里有一万条信念
也不够把心中萌发的诗意
都变成新芽

嫩嫩的新芽
密密地跳跃在枝条上
如毛茸茸的音符
如青绿色的琴键
如雏鸟们镶着鹅黄边儿的小嘴
正准备比试歌喉
歌唱春天的快乐
歌唱蓝天和白云

轻风的舒展，它们笑着
细雨的滋润，它们闹着
阳光的爱抚，它们跑着
它们可以解除古老的焦渴
它们可以振作蔫萎的精神

它们小心地蜷缩着身体
在一只只精致的杯子里
在一杯杯热烈的盼望中
就这样一次又一次
浮沉！浮沉！浮沉！

茶园，生命的接力场

柔软的枝条拉着弓
射出洞穿严冬的第一支箭
寒冷就此止息
总要有茶树爆出第一个芽
才可以草木与人间的春光明媚

接着是茶树花，混杂着梨花
大雪一样的，向着天际弥漫
从谷地，到山腰，直至冲上山顶
到处是阳光灿烂的样子
湛蓝的天空下，新奇的眼神
呼啸而来的生气勃勃

雾气一样集结，又升腾
为了接近大地，熙熙攘攘
轻盈的躯体碰撞出生命的脆响

这场接力的源头，或者中间
她们都有不可复制的凋零
都有化作尘泥的宿命
久久盘亘的“三杯香”
以及令人战栗的轮回
都有让我梦里都想喊出口的华章

不能忽略，茶园入冬之前
秋风横扫落叶的仪式多么隆重
她们把风霜抱在怀里
她们把寒冷当作悲壮
现在，我作为一个诗人
不能只写清风明月
不能只写表面的章节
不能只给春风骏马、鞍鞯、长鞭
还要给生命以驰骋的疆域，及
抵达的马蹄铁

茶树长成这个样子

茶树长成这个样子
弯弯的，如父亲耕作时的样子
我是一片悬挂在父亲胸前的叶子
茶树长成这个样子
就像我们拥有的旧时光，无限神奇
没有约定，我和你一直走到今天
一起倾听鸟鸣划过头顶
一起倾听流水淌过心里

茶树长成这个样子
你可以抓住一根枝条
坚韧的，我是一颗将要成熟的果子
现在，我们躺在一行茶树下
等一场风慢慢刮来
我们再也叫不出彼此的名字
茶树，我想成为你绿茵茵的叶子
当你在微风中站立
我想成为你闪亮的颤动
你在风中起舞
我想成为你嘹亮的嗓音
歌唱三月蓝蓝的天空

在泰顺，与“三杯香”茶交谈

文 / 金晓

在“三杯香”茶面前，我是自疚的

看，那仅仅是两瓣半的小芽儿
当生命还幼小时
就被操练成了
一种精华
为的就是那一杯清水来临时
能绽放出一芽二叶的嫩香，乃至一种营养
回味甘甜

初展的芽叶，如一位君子在茶杯中微醺
俘虏了红尘中的俗
当世事，从所有的日子里归来
在午后的时光端坐，在泰顺
与茶交谈，是一种最美妙的倾诉方式

修行，唯有静心
于是，我把我深藏在一杯茶中
相谈
云雾缥缈之后，发现已相见恨晚

灵魂有时就和我隔着一层柔柔的水雾
那边有一座高山花园
生长花朵、绿叶以及幸福的梦

人们嘴里的一些事
于是，有了那么一些鲜爽和暖意

三巡之后
茶叶一片片暗淡而去
杯中的水
心池里的水
静默了，这时万物自成秩序

一枚“三杯香”的泰顺情怀

文 / 郑卫华

我喜欢众多茶香中的一枚
一枚，含满诗意的“三杯香”
在远山如黛的娇美中
爱上共富茶的心，更愿
细品诗意芬芳，漫过岁月
醉了沧桑，美了风光

活得越来越滋润
生命里的梦想充满自信
挺拔成一枚茶叶
揽不下所有的风雨
至少可以让迷茫的灵魂
重整旗鼓，迎接
旭日雄心勃勃的东升

不是一枚温绿的点化
不是一滴眉茶的炭火
那么多的快乐，何以
扬帆生命的航线之上

学会在风霜中寻到方向
转过身来，把尘俗
丢弃。始终迎向阳光奔跑的
天宇以梦为马

我能到达的远方
天天“三杯香”早已煮出芬芳
让灵魂高雅

“三杯香”里，我们都是爱的子民（组诗）

文 / 葛亚夫

“三杯香”，要的就是这份……

要的就是这份冷峻，“三杯香”
假借寒风的刀，给时光刮骨疗毒
顺便修修身，提提神
撑起一芽扁舟，穿过寒流的罅隙
赴一场刀山火海的草木之盟

要的就是这份高冷，“三杯香”
餐石饮雪，柔嫩的凤爪掰开岩石
与生俱来携着天地灵气
高山的书卷太冗长，它更喜欢
捧读云雾，吟诗，识文断字

要的就是这份孤傲，“三杯香”
敢为百草先，自带春气溯游腊寒
德不孤，一芽一叶或两叶
都恪守祖训，不会随时变易
轻尝或深酌，都不改旧时香味色

临水照影，用“三杯香”怀念一个人
那叫东坡先生的人，也是一棵茶树
最先感知暖水和春晖
用润畦雨润笔，勾勒咿呀学语的春心
在新枝旧柯上点睛、写诗
一芽一叶都漫溢出水墨的芳香

临水照影，用“三杯香”怀念一个人

风日不到之地，茶可以
叶芽也会传书，云雾的加密另有深意
千言万语都在滚水里现形
唇齿间的留香，句句都是人世温情

相思如云腴，肥嫩，山远水长
取一枚，落硙，研磨一场雨雪霏霏
来思，抑或返乡
轻轻一吹，茶香里就长出杨柳
把一个梦叫醒，拴在另一个梦的杯沿

“三杯香”秀色可餐，可赏，可饮

对于茶，东坡居士没有抵抗力
深信“三杯香”是无双的奇茗
隔着江湖，咂咂嘴

就能闻到嗅到诗人泡在诗文里的茶香
甚至其间的工艺也熟稔于胸

从叶芽到茶，肉身完成精魂的升华
摊放、杀青、揉捻、初烘、提毫、复烘
是他选择的另一种人生
要珍惜、呵护，一步也不离开
亲手研磨，看片片叶芽落雪，生烟

“三杯香”秀色可餐，可赏，可饮
叶芽舒展，接续起活色生香的下半生
茶姿，茶色，茶烟……
无不国色天香、勾心摄魂
茶入怀，人也徜徉在水草木之间

“三杯香”里，我们都是爱的子民

“三杯香”认生，感情上有洁癖
只为一方山水生。冰清玉洁的宿命
再烫也不怕，松开鹰爪
抛蟹眼，吟松风，听鸣雪……
用带霜的兔毫盏，把心事藏了又藏

茶水里，醉翁的醉意中心摇摇
诗人的句子，平仄里都是叶芽的体香
能唤你乳名的茶就是名茶
就像落霞与孤鹜，秋水和长天
可以与你齐飞，也可以和你一色

茶烟打茶香里升起，轻轻摇呀摇
茶叶转山转水，回到故乡
饮茶的人溯洄从之，领回故乡的童年
“三杯香”里，我们都是爱的子民
也是山水和草木的衣钵传人

茶香让生活流水生云
（组诗）

文 / 刘采政

嫩绿的回音

唤醒
只需，一杯水的纯粹
一道火的热情
再加
一两月色，三钱虫鸣
醇厚，温和，静

她会
交出体内的光
云雾，风雨雷电
交出甜
交出香
把全部的自己交出
把鲜活的自己交出

波涛交给波涛
青山交给绿水

碧润明亮的
美人呀
馥郁芬芳，舞姿翩跹
慢慢陪我们
清风，明月
流水生云

哦，这最近
又最遥远，哦，万里跋涉
每一个背影
都有
一道嫩绿的回音

聚拢月光

管不了细雨
管不了彩霞把一万个早晨
甩在面前
一枚枚茶芽
带露使劲
舒展整个泰顺

管好自己，优雅
足够香
足够阳光
嫩绿清新的我啊
安睡在一个黑色漩涡里

夜色，聚拢
只为头上，繁星闪亮

你若要深爱
请去掉生涩，去掉多余的水
请
回到，那些采茶女子的心情
指尖轻轻弹出的清明前
回到
一群背夫裸露的肩头
千年的月光
涌起
汗水，泪水

茶路漫漫
繁华都在点灯了，一只鸟
振翅在飞。天色微亮
千山万水，我曾经
等过你

再续一杯安静

以泰顺的方式
打开自己，约会如茶

时光
一杯安静
再续一杯，还是
安静

这安静啊！是高山
是月光
是一条蜿蜒的路
行走着史诗
清风习习
茶歌悠悠
是梦轻展着的
淡泊，芬芳

先入骨，再入心
然后
把氤氲交出，请你
疲惫时，品我
寂寞时品我

你我之外，有人会大雪封山
煮茶时，顺便煮翻了银河

茶香三杯味高醇（组诗）

文 / 李鹤影

饮茶曲

青山连着青山
我的家乡在云中

流水滋养着流水
我的亲人在林间

山路回环，路标指示的一座小城
每一次回来，都为我亮着一盏灯

我的乡亲，以竹箩焯茶
以流水和歌谣冲沸
以青瓷、紫砂、古陶饮之

一饮家国康泰，二饮民众丰顺
三饮桃花渡口，远行人如期归来

茶香三杯味高醇

种“三杯香”茶的高山上，常年飘着
不散的云雾
三十六乡镇，二百零五村场
处处都有碧绿的茶园
采茶可在春雨后，晴日艳阳，
采茶人有漂亮的发饰和温柔的性情
采下的茶叶细紧苗秀，大小匀齐
色泽翠绿得如同十八岁的好年华
好茶要经得起高温，美好的生活
需要辛勤的双手创造
好茶配好水，经过三次泡润之后
茶味依然香高味醇，有着莲子
一样的清幽。在泰顺，
“九山半水半分田”，多少云雾
和清亮的雨水，才能滋养出别样的好茶
在浙南，什么样的山高和林密，
水畔廊桥月光，家祠清风白茶
才能孕育出淳朴而雅致的泰顺人

茶语

你微翘的睫毛
扬起微凉的眸光
熟练的揉捻让星星也
片刻无语

穿过繁茂的喧嚣
用时光的剧情
轻拈梦中的一缕月光
和着江南的一抹茶香

习惯了听风私语
岁月里品文煮墨
江南的柳岸
在一壶茶里渲染
轻轻地叹口气
一朵莲醒了
晨钟还在梦里打坐

熟悉的面容
一如汉时明月
你我必经的桃花渡
错过的花期
祈盼在来年重绽枝头

生命里不能走近的风景
只能相望，如此刻
几片幽思沉在杯底
谁又能将它打捞？

“三杯香”茶绽开春的芬芳

文 / 李建

一

秋风弥漫春茶的醇香
一芽二叶黄绿色妩媚
在煮沸的水里摆出花的妖娆
汤色挑逗得客人止步
袅袅飘升的甘甜把心醉倒
“三杯香”茶让胃肠蠕动出唾液的魅力

我倾心你并不是想让青春永驻
只有光阴才永远歌唱
翠绿的流韵可以让心陶醉
陶醉的音符擦拭苍老

我痴迷你并不是想与天地同岁
只有时光才与日月同辉
甘醇的清澈可以让魂魄出窍
放飞的灵魂才能感受虚无缥缈

我欣赏你细直均匀的腰身
更喜你鲜嫩油润的肌肤
因为你收纳所有的光线
我迷恋你香高浓醇的体味
更爱你的清澈让神情透亮
因为你吞咽所有的味觉
我在月色下细看
你洋溢春天的芬芳

二

“三杯香”茶捧着明崇祯六年的《泰顺县志》
掬着被清朝列为的贡品
踩着当代《采茶舞曲》的节拍
婀娜多姿，一路走来
在群山环抱中撒娇
在云雾缥缈里广袖舒展
把一间间房舍舞靓

风儿钟情于醇香，让海拔来点高度
温和些脸色缩短点日照
请石英细砾把黄灰色的土壤揉得松软
溪流也纵横交错浸来凑热闹

轻轻握紧茶树，画出葱茏
亲吻醇香，长出翅膀

近七万亩茶园为村落梳妆
茶径在绿荫下伸延
每年用3000多吨新茶洗濯清晨
朝霞含着露珠染红群山
茶香送来的一个个奖杯拥抱月色
静得能听到心笑
涌至全国各地的茶叶
一粒粒流露着春天的芬芳

三
姑娘的嬉闹叫醒了鸟鸣
鸟鸣向熹微絮叨
茶园被茶歌里的朦胧淹没

纤手的柔软滚动晨露
晨露清洗含苞的绿叶
茶园被茶歌中的跳跃托出

指尖的柔香浸入嫩芽
嫩芽在心房里孕育甘甜
茶园被茶歌上的热情烧成滚烫

姑娘用深情在茶园走出一道绿茶
泰顺县的地标竖在九山峰上

“三杯香”茶的锦衣由汗水的咸腥编织
汗水由严格的程序监考
从无数苦楚的痛中抽取一丝温柔

轻轻放在阳光下聚焦

茶歌衔着一片绿叶飞过
天空弥漫春天的芬芳
四
一片绿叶说出一句方言
泰顺的乡音在世界回响
一片绿叶迎来一次拥抱
茶径挤满八方的脚步
两只喜鹊只顾排练明日的晨鸣
忘记了言辞客套

一杯茶使一棵茶树葱郁
茶树下的人直起腰
擦了擦额头上的汗珠，向前眺望
一杯茶使窗户上的玻璃透出笑
洗净房顶上的尘埃
越过青山，驾白云在蓝天缭绕
一杯茶使夜色静寂
能听到思考
构思一片茶叶的油画
留白处蕴藏春的芬芳

“三杯香”，沿着明媚的春天飞翔（组诗四首）

文 / 李红平

“三杯香”茶

“三杯香”茶
醇香如一面铜镜
依偎着青碧透明的汤汁
映照出远方的天空
我看见繁荣的茶园
飘浮着
袅袅的香气
几十年的时光
一杯茶的诞生
铭刻着
峥嵘岁月的传奇

我用“三杯香”写下平仄如虹的季节
写着写着
唇翼就开成了花朵
这浓郁的香茗啊
吸纳了多少岁月和甘露

有多少阳光的温暖和滋润
才组合成嫩绿的叶脉
才能敲响茶韵里的禅意
才能俘获世界的芳心

“三杯香”
三十多道工序的打磨
两万多个嫩绿的芽头
配制成几百克的精品
天地间的精华一杯茶里
分明竖立着日月的雕塑
竖立着一方山水的品质和内涵
在六月里
品着“三杯香”
就有蝉鸣拍打着音乐
就像醇香的记忆
在一道一道茶韵里穿行

“三杯香”，沿着明媚的春天飞翔

一撮嫩蕊
在沸腾的水中翻腾游弋
把一拨一拨的鲜醇和碧绿打开
就像水盈盈的涟漪
渐渐辽阔成大地的音乐和灵动的诗章
“三杯香”
在一杯干净的纯水里舞蹈
袅袅飘浮的雾气
蕴涵着往昔峥嵘岁月
在指间聚拢
把一杯“三杯香”茶水
以形而上的方式
高高举过苍穹

因为“三杯香”
才有了传承和经典的成色
才有了舌尖上温暖的享受
才有了一座山的禅意和颂词
此刻
我用目光把每一片嫩芽拼接成翅膀
沿着茶韵飞翔
沿着明媚的春天飞翔

我要告诉生活
想要喝就喝“三杯香”吧
想要沁润的快意和岁月的歌唱
就喝“三杯香”吧

“三杯香”
在一杯干净的纯水里舞蹈
我看见品位与典雅
时尚和荣耀
花一样绽放着
走过日月和星辰
鲜美的“三杯香”能够点亮每一个地方
同时能灿烂地打开
每一双慧眼和每一缕阳光

神茶

一片嫩芽
就是一束阳光的碎银
一杯“三杯香”茶
足以装下
一个春天的色彩和行囊
让青睐的眼睛

打开成歌唱的模样
当茶的香醇
成为翅膀的时候
在中国、在世界
在天地经纬的任何一个地方
飞翔或者栖息
都是一种神话的流行
穿过岁月的风羽
让两百年前的海浪
打湿我的衣襟
站在大海的掌心里
我看见“三杯香”茶的尊贵和神奇
袅袅的香气从海底升起来
一如芙蓉出水
惊艳四海
它洞穿着浩荡的山河
飘向古老的船
飘向盛载着世界珍奇的宝库
“三杯香”茶书写在人间的茶史里
就像阳光把天下的每一寸土地照亮
“三杯香”茶
让一部风靡人间的茶经
放射出璀璨的光芒

“三杯香”，玉一样的光泽

说到“三杯香”
我的目光
已泛动出嫩绿的涟漪
鲜醇芳香的的汤汁
以玉的光泽沁入到我的内心
抿一口就能芳香一辈子
此刻
我的唇翼就是一匹阳光快马
循着嫩绿的茶脉
我疾奔着让惬意高蹈的气质
镶入茶的禅意玉的成色
包括一座山的灵秀与俊美
一方水土的丰润和营养
一片鲜芽所诠释的生命活力
这是一种怎样的茶啊
当玉一样的光泽洒满大地
想像一下它的名片吧，一定闪烁着
世界级的荣耀和品牌，它的内核里
一定有着千古的歌谣和传奇
是的
“三杯香”
玉一样的光泽
已沁入到我的岁月我的内心

泰顺“三杯香”茶，护佑一个家园的自信与宽厚

文 / 王海清

颜色梦幻般
惊喜之际，内心发出一声感叹
幸福与富足，护佑一个家园自信与宽厚

在泰顺，一座美丽而优质的茶叶生产基地
绿色压阵，为一个生态家园的守护
一叶茶绿，便有千亩茶展，仅在枝头的喜庆
就已让天下人敬佩，看茶者怕错过茶期
采摘者，倾心地守候，怕错失采摘季
泰顺的“三杯香”茶
承担着绿化与经济的双重使命

在人间
从彷徨中拉到了盎然的富裕里，每一

树茶

都荟萃着一个命运的寄托

都能展动泰顺羽丰翅展的姿势

它在众目渴望里，守住这茶带来的民生保障

并葱郁成不可动摇的风景

每一棵茶树的微风里

都有一段历史的回音，用绿色明丽的颜色

演绎着家园亘古不变的色泽，每个人

都会从记忆里翻出一堆，关于“三杯香”茶的依恋

山水聚美的运势，在“三杯香”茶树的陪伴下

让一座城涅槃，一些赞美的词汇，不请自来

那些大写的绩效，正沿着笔画的舞姿

写满泰顺大地

泰顺“三杯香”，或一部隽永悠长的茶经(组诗)

文 / 林国鹏

茶书

古人云：“山不在高，有仙则名。”
其实我坚信，山不在高，有茶则美
在人杰地灵、群山环抱、云雾缥缈的泰顺
才能浇灌出一种简静而独特的茶:“三杯香”
那些被时光打磨过的茶树，让风越吹越绿
浓得化不开。用鸟鸣与清雾刷新着，青翠欲滴
此刻，花言与风语聚在叶尖上
分泌着汁液，滴出干净而纯粹的新绿
我看见，茶树用美人的腰身
摇曳出万亩辽阔的葱郁。在茶山
遇上一只悟道的小蝉，哼着小调
在茶枝上挥毫泼墨，反复推敲，酝酿
描绘着那些和美押韵的暗纹
如一枚自带神性的关键词
隐居在泰顺县志的册页中，修身，养性
用虔诚与优雅，点缀春天这副经卷里的
宋词、汉赋与傲骨，并长出二十四节气的新芽
与一段安逸流香的光阴与经纶

茶韵

喝茶，是一种修行、皈依的过程
需要动用全身的感官去嗅闻，倾听，探访，追寻
一片新芽，就是一阕词牌
几枚嫩芯，就是一组久泡不失浓香的词汇
雅致与闲情，藏于杯中：香高味醇
可入口，入喉，入肺，化身拟声词
缔造的意象，丰沛，醇亮，韵味
在物华天宝的泰顺，我用一滴“三杯香”
明智，洗心。必须承认
条索细紧，色泽翠绿的“三杯香”茶
汲取着阴阳五行之精华灵气

有着经久耐泡的韵味，沁入心脾的香气

我们同样需要一杯茶，让湍急的人间

慢下来。让无处安放的灵魂

跟上我们，沉淀出茶汤一样的乡愁

茶情

泰顺，是一个人间福祉

孕育出的“三杯香”，清纯、高雅、明亮

采茶的女子一样，在枝丫上摇着小瓣的幸福

在茶山行走，犹如沿着时间的弯道

一圈又一圈，不断地用露水濯洗自己

茶，一定是思想长成的事物：遒劲、有力

一路反着光。我试图借一盏袅娜的雾气

洗掉指尖一叶的风尘，把沉积的蓊郁

提取一剂高纯度的芳香与意蕴

回到茶室，用泉水将沉默的词语烧开

一百摄氏度的水，这生活的热度

刚好烧开一壶茶的俗语与典故

还原，修复出内心深处的乡愁

是的，用一把遁入空门的紫砂壶

佐以精神、礼仪、沏泡的巡茶艺术
泡开远离人寰的禅境，我在想
那长势良好的绿，再添加一些琴音
烛光，信仰下去，就满了
不能牛饮，只能细酌，慢品，交谈，啜饮
用这剂从叶、茎、枝中分离出的良药
治疗人世的忧伤，并带上一颗淡泊之心
住进一个香字

茶语

与一杯“三杯香”对话，必须先将
肉身的功名与利禄，卸载干净
才能在一枝嫩蕊中读到
两节香芽，三钱诗韵。在沏茶的过程中
提炼出三叶两芽的乡音，我承认
用惬意与平和，方能将“三杯香”
泡出一壶朴素而自然的心境
以茶养性，将一枚闲云般的嫩芯
在水中沸腾，达到一百摄氏度的温度
才能将生活的苦涩冲淡。我明白
茶叶，经一系列漫长的杀青，回润，揉捻
赴汤与蹈火，方得一壶沁人心脾的幽香
其实在一杯茶香里，便已遍尝人间百味

时光中，与一杯茶把盏对饮（组诗）

文 / 何军雄

一

醇香，味苦，在涩涩的韵味中
与一杯茶不期而遇。犹如知音
划过舌尖的茶汤，浓香四溢

如同江南水乡的一阕词赋，格调高雅
淡苦。调制出生活的五彩斑斓

二

在婉约中抒情。茶文化的兴盛
从茶的品茗里孕育，雨巷深深
沉静与时光的一段情话，从夜幕中
抵达灵魂可以触摸的地方

蝴蝶翩翩，竹林幽径里徘徊的云
酿制成一款茶的手工技艺
采摘。翻炒。研发成醇厚的茶诗文化

三

人间有多少闲情雅致，就有多少
茶香在肆意升腾。叠加于岁月之上
让一个慕名而来的茶客流连忘返

气韵非凡，缔造着茶的诗赋大雅
茶庄园里摇曳的浓香和醇美
治愈了肠胃的贫瘠和病痛。春日里
浩荡成一种文化，从山间弥漫

四

图腾的水域，滋养着一款茶
以及十万茶林久远的人文史记

镌刻浓情蜜意，以盛大的风华
开启着茶文化的异香和醇厚
茶诗的典藏里，蕴含无限能量
将茶的风情和故事依次演绎

五

一缕时光。一杯月色。都从
茶文化的味觉中溢出
途径茶园的木栈道，沁心雅致
流淌过尘世的繁华与锦绣

禅茶一味。从大彻大悟中
以茶的盛世斑斓里驻足
江南风华，一览无余的辽阔

六
隐约于茶的韵律中，沿杯器起伏
茶诗，不朽的脊梁在日益壮大

从三月的江南，到秋后的水乡
一款茶浸泡出无限风韵。碧波荡漾
沿木桥与楼台，播撒情怀
偶遇茶园，就是遇见一生的知己

七
一款陪伴到老的茶的名字
亲切而温暖。醇美的口感里
是时光赋予的纯情和无限美誉

茶业的崛起，从茶客口中
延伸出来。雕琢成历史文化
不可磨灭的火种，以盛大的茶香
将江南水乡的韵律折射

八
雨打芭蕉，湿润了一阕春辞
花纸伞撑开茶的十里茶园
瓦片沉寂，老屋静候着禅茶

沿江南水乡逆反的风情
以茶的悟性，为其著书立传
对饮把盏，和茶诗的邂逅
是今生最大的幸福和美满

泡一杯“三杯香”

文 / 林小永

泡一杯“三杯香”
等待我的心上人
用茶的甘美醇香，滋润我
干渴的嗓子
让我的声音更清脆
在无人的夜空呼喊你

泡一杯“三杯香”
等待我的心上人
用茶的甘美醇香，滋润我
干枯的笔尖
让我的文思更灵动
写好想你的每一篇日记

泡一杯“三杯香”
等待我的心上人
用茶的甘美醇香，滋润我
干瘪的面容
让我的青春更飞扬
待你归来，我依旧少年

泰顺“三杯香”茶

文 / 刘晓明

再没有比这更香高味醇的茶了

清香持久，三杯犹存余香
一芽二叶
鱼摆动尾巴，在水中鲜活地游动

早春凸现着，绒毛颤动着
凝望爬过地势的高低悬殊
沟壑纵横

泉水在岩壁与岩壁间滴答
黑麂在云雾缥缈中灵动
星星在窥望和梦境里滑落露滴

把淡青的嫩叶做成汤绿明亮，把
汤绿明亮
做成最纯的味厚鲜醇

每一个瞬间都是弥漫啊！
它们医治的眼睛
甚至越过茫茫宇宙
到另一个星球的明亮

是的
一种茶，它细紧绿润
身体里有一只做梦的七星瓢虫
绿色环保
一种茶，它叶底嫩匀
与刀耕火种比肩的是全程有机
回味甘甜

全国农产品地理标志
钓鱼台国宾馆指定用茶
跨过一山又一山，《采茶舞曲》
响遍大江南北

泰顺“三杯香”茶
面对你高贵的身姿
一座高塔来到我们中间
它摩擦出篝火的光亮
岩石也学会了跳舞
让我们坐穿满天繁星的夜色

以茶的名义（组诗）

文 / 吉尚泉

以茶的名义

以茶的名义埋下春天的种子
以茶的名义瞭望万千星辰
以茶的名义击鼓
以茶的名义奔突

如同许多年以前，每一叶茶
可以入药
可以入诗，也可以入画
当涛声又起
远方不再遥远，我要以茶的名义
为泰顺证明

山的尽头，是茶
水的尽头，是茶
唯有茶可以穿越历史和山水
抵达这里的山村和城市
在大地上扎根

聆听大河水涨的声音，我可以
以茶的名义赞美
并越过高山和峡谷
把一份情怀植入心底

卖茶女孩

用一口浓浓的乡音，告诉
我这里的色彩
而茶树遥远
采茶人遥远，只有
“三杯香”茶听懂她的心事
来者都是客，一双顾盼的眸子
替代了所有的语言

曾经的约定铭记于心
一条飘香的短信
让她面色潮红，多少日子啊
都要这样走过，只有沉默的茶
用暗藏的微香
和她共度朝夕

在茶乡，鸟儿的鸣唱如出一辙

在茶乡，黎明来得更早
沿着山麓，是无边的茶树
是花开的过程
也是我
瞭望的风景

一曲山歌，摇落一地星辉
潺潺溪流
晃动山村的倒影，唯有
鸟儿的鸣唱如出一辙
从春到夏从秋到冬

汽笛起伏，而群山遥远
采茶的女孩要越过山冈
在黎明前抵达
当她拭去额头的汗水
一只翠鸟
刚好落下

在泰顺

在泰顺，我和一家茶店比邻而居
茶的味道
一直无法描述
而聆听茶品茶人的低语
我开始，审视每一杯茶
向远方的亲人，描述这里的生活
甚至每一次日落日出

茶的种种，路的纵横
还有夏日的风
来去的游人，成为这里
动感的风景。如果允许
我依然要在泰顺奔走
沿着小巷聆听茶花开放的声音
把一筐茶叶
举过头顶

品读“三杯香”茶的三个关键词（散文诗组章）

文 / 蔡秀花

茶之美

在泰顺茶山的低音区，茶香是贴在掌心，挥之不去的。

阳光走动，风随意地翻阅着每一片不同质感的叶子。

直到翻到了，它想要的镜像：条形紧细的嫩芽，包裹着嫩绿色泽的象声词。

这就是“三杯香”茶，顶级好茶。这小小的发光体，隽永而醇香。

在群山之巅，怀着草木之心，盛而不显，含而不露，内敛而执着。

集叶、花、香独具的四清于一身，遒劲成枝。

汲天地之精华，取日夜之灵气，一岁一枯荣。

光阴在茶树上复活，换一种形态，长出一叶叶波澜不惊的拟声词。

我想，嫩绿匀亮的叶底，一定浓缩着与世无争的花香。

幽居着鲜醇爽口、浓而不苦的思想。

是的，茶香是植物志里一脉脉隐秘的

线索：以嫩芽为点，茶枝为线，树冠为面。虚与实结合，不急不慢地滋润泡养着一部部内敛、素净、阔远的茶典。

是的，在一枚茶叶扁平挺直、自然舒展的隐喻里。暮吟，朝歌，短笛与白云，调和出四季的茶汤，符合流入一个人心境：回味甘甜，历久不散，意味悠长。

谷雨时节，清风吹来薄雾的相思，与古茶树慢慢融为一体。

时隐时现的茶女，在枝头上卸载生词，雨滴是新安装的词牌名。两叶抱一芽的温情，缩成了逗号般大小的音符，被装进茶篮里。

世事沉浮，正如杯中的“三杯香”茶，或悬或沉，与水相互借喻。

隽永、浓郁的茶香，在喉齿唇舌间接受验证，清新之感唤醒了内心，顺理成章的静谧染上了绿韵。

是的。几片茶叶，可以冲泡出一个风雅颂的民间传说。而每一粒描述茶的文字，要调动不同的视、听、味、嗅、触等感官去磨砺。特别是“三杯香”茶，一定要心怀虔诚与爱，才能品出她独树一帜、醇厚甘甜的口感。

书屋中，境雅，器雅，情雅。一盒“三杯香”茶，早已用尽了我手中所有高洁、清雅的修饰。此刻，人间光亮的一部分，被我放置在书柜的最中间，如一部等待钻研考证的，醇厚回甘的植物图鉴，内藏着万亩与世隔绝的美。

用一杯清绿明澈的茶水读史，可明智，可博古，可通今。

杯中的一芽一叶，涌动着生命的哲思，与起承转合的感悟。

洗杯。温茶。一人一汤。一壶雅、淡、静的茶汤，是一个人沉淀后的心境。

茶之韵

太阳将身上的温暖，群发给万物，激活了大面积的唐诗宋韵。

一个茶园，被设置在高海拔的茶山。是的，一个高雅而独特的居住环境，适合长出静于光、淡于风、浓于香的原生态韵味。

走在茶园，岚气越来越浓，茶香开始四溢。

仿佛走进了陆放翁的诗句。在“矮纸斜行闲作草，晴窗细乳细分茶”的境界中，打开自己，寻找茶的渊源与诗意的驿站。

每一株古茶树，净地而立，心无杂念，秉承着香气如兰，韵味深长的草木之心，

将内心的光亮，折射进这一片深爱着它们的沃土。

清风访问枝头，久居深山的信仰，扎根在盛世的深层里，不断地提纯与升华着自己。我知道，时光的大笔一挥，一草一木，都可以长成葱郁的风景。

就像此刻的茶树，被推敲成一排排富含负氧离子的诗句。

全新的空气注入我的体内，沉淀、酝酿、窖藏出内心的万亩箴言，掌控着自己。

从采摘、拣剔，到高温杀青，一页又一页的茶故事，酽苦而香醇。

采用抖、撒、抓、压、带条等精细的加工手法，将鲜叶的嫩度最大程度地保鲜与还原，自然醇厚的韵味浑然天成。

我知道，“三杯香”茶所传递的，是一种苛刻的生产过程。

是啊，一滴最原始而朴素的情感，同样需要经过严谨的筛选。

雨丝是世人最干净的语言，我想，一枚茶叶应该是最具内涵的那个词组。

茶汤，就是一个最有力的论证。

走在茶园，我走的每一个脚步，必须

用尽赋、比、兴的修饰。

只有最虔诚的信仰，才能将一脉浓酽的茶香引出。

特别是杯中的“三杯香”茶，它暗藏着醇香的身世。情感浓烈，无法稀释。

是的。茶，是被种进泥土里的时光，与万物相融共生。

散养的山水，在壶中摇晃。滋阴养液，生津润燥，不可代替。

茶叶泡出的乡音，嫩绿明亮。自成一派的余韵，在不断加深。

茶之香

在雾海云天的茶山，扉页处横卧着，一瓣瓣古典与神秘。

沿着阡陌，每一株古树，吸附着天然的意蕴与美学。

在浩瀚的时间表里，加载着属于自己的清韵。

茶香，花香，开始融合交汇，加快了每一片茶叶羽化成仙的速度。

鸟语与水音，开始层叠。吐香的茶树，鲜嫩醇爽，一芽一叶，撰写着清冽的心经。

香高、味醇、形美、色润，这就是“三杯香”茶的特性与美。

内外兼修，清香馥郁，使人心旷神怡。

良辰到来，“一片新茶破鼻香”。在崇山峻岭间，茶香是透明的线条，穿在风的针孔里，一针一线地织出，一部芬芳四溢的茶园长诗。

茶花盛开的地方，就是挚爱的章节。酝

酿的故事，让人回味甘甜，历久不散。

我知道，在“三杯香”茶的身上，囤积着一种耐冲泡的雅儒气质。

喝着“三杯香”茶，我也会变得不卑，不亢，不浓，不淡。仿佛有一种温暖的情感，填充着身体。

在一杯嫩绿明亮的茶汤中，提前进入秘境，读懂一阕青翠欲滴的茶经。

喝茶的过程，就是用天际明月孕育的茶语言，对话自己。

用茶水漱口，液态的句子在舌尖上舞动，谈吐自如的音律，蓄满身体。

博艺，多才，浪漫，淡雅，将这一组茶的代名词，放在热水里冲泡，一定会泡出一壶旷世风韵。

焚香煮茶，将一盏乡愁慢慢品浓。谈经论道，指点江山的画笔，开出爱的茶花。渗透世事，散开又聚拢的灵感，在纸上慢慢析出。

逐渐的，疲惫尽消。所有被吹绿的情感，不带一丝风声。

此刻，透明的玻璃杯中，弯曲的芽叶，在重塑体形。

我不禁感叹，这经过杀青、揉捻、烘干的爱，尝起来有股淡淡的苦涩，多像一段精彩的人生阅历，让人回甘啊！

更不禁发问：如果喝着茶水长大的词，是幸福结出的茶籽。那喝着“三杯香”茶写诗的我，算不算茶的儿女？

在泰顺，品“三杯香”茶

文／刘贵高

衔泥的紫燕，讲述着流水的
平仄。杯里的波涛
高过群山
高过海边的浪花
舒展的叶片，兀自打开
尘世的秘境

季节的茶香和暗语，以
氤氲之气，供养诗歌与社稷
一杯香茗在手
让人忘却，几许烦忧
时光若水
无言，即大美

欲语还休的静默，透着澄明
看破功名利禄编织的虚无
才有了，自成的格调
和对岁月的了悟
一杯明前香茗，清冽甘醇
且韵味悠长

静水深流。人生本是一场修行
以欲笑还颦的豁达
过滤心境，让弹指而过的
光阴，收藏灵性
云水禅心。放下执念
才能悟出菩提

品“三杯香”茶

文 / 张世洪

往事依稀沉浮
荣辱毁誉尽在不言中
只有一滴一滴的香茶
可以改变灵魂的方向
滑过喉咙的声音
让我冷眼旁观
花花世界的喧嚣和迷茫

“三杯香”茶闪烁着光芒
能让卑微和谎言
顷刻间烟消云散
“三杯香”茶的柔情
也来自内心的火焰
柔润的涟漪躁动着
心灵深处的时光
清爽和温柔完美地交融
缔造了“三杯香”茶美的极致

品“三杯香”茶，我醉了
我忘却了自己
沉浸在绚丽迷人的色彩之中
恍惚进入春光明媚的世界
心灵的王国也充满了浪漫和温馨
我的杰出陷入更深的纯粹
把心清空，修成芦苇的心性
音乐酣畅，用茶香
斟满世界的水晶杯

“三杯香”茶的魅力
在于把虚无留给了世界
把闪烁的光晕和茗香
烙印在岁月的沧桑里
我知道，这样的时刻
品“三杯香”茶
其实就是在饮用一种心情
辽阔的安详和宁静
把春梦爱抚得更加妩媚
把柔情传播得地久天长

拥抱“三杯香”茶

亲爱的，你在梦中吗？
你有过这样风情万种的收获吗？
问你呢，问你
问你那漾满妩媚柔情的眼睛

那好，请你张开情感的翅膀
飞进这备好的杯子里
风情十足的芳香
用鲜润的温柔情调和缠绵
迎接着五湖四海的宾朋亲友
迎接一次渴望已久的相逢

拥抱“三杯香”茶
我的思绪也将折叠起来
躁动的心儿飞出胸中的巢穴
化作羽毛丰满的白鹤
来喝这一杯
圣洁温暖的好茶
把思想和信念播撒进去
把孤寂和焦灼播撒进去
让我沉浸良久的情爱
在这温馨的香中
长成一片葱葱郁郁的相思林

谁拥抱了“三杯香”茶
谁就拥有了一个
属于自己的美丽的传说
缔造出生命中的另一种风景
感念一生一世

丝丝缕缕“三杯香”茶情愫

“三杯香”茶彰显男人的气概
“三杯香”茶凸出女人的婉约
那个透着骨子里的浪漫
能在我的灵魂中随意地散步
让我灵魂出窍的
就是我忘情的“三杯香”茶

说“三杯香”茶是一种粮食更加准确
我只知道，杯中的茶
属于我的精神载体
让我手舞足蹈，心灵的共颤
酿出灵与肉的落差
让我在诗书中长醉不醒

今夜无眠，月光如水
品赏“三杯香”茶
在情与情的缠绵悱恻中
抵达自由的疆域
万千的生活故事
流淌出日子的温馨

“三杯香”茶的美，诗意淋漓
眼前茶，杯中香
真正的品味从口而心
此时此刻感受浓郁的醇香
面若三月的桃花
酿成《诗经》里的名句

把晚霞打磨成灿烂的色泽
荡漾着风雅颂的旋律
勾魂摄魄的“三杯香”茶
就这样魅力四射
让人将生活的梦想一饮而尽
智慧蕴藏，青春勃发

品赏“三杯香”茶

文 / 李清波

茶
在沸水中旋转
沉淀

雾
在发烫的杯中缭绕
升腾

雾非雾
是叶儿辛苦积攒的天地间灵气
水非水
是叶儿日复一日收集的露珠

小口含服
“三杯香”茶先苦后甜，甘醇芳香
一丝苦涩
是寒夜和风霜的痕迹
源源的清香
是阳光浸润的能量

慢慢地品尝
每一口都是叶儿释放的
天地间的灵气

灵气
在我胸腔游走
每一个舒展的毛孔
便充满了神奇的力量
都沉醉于无穷回味

于是
我化作雾
随风游走
茶之缘

我需要“三杯香”茶
就像肺需要氧气

冬天要来
院里的花儿谢了
忧伤的时候
冲杯“三杯香”茶
拿起，放下
每一口都是一个轮回

茶说
花落还会开
春去春会来

品味“三杯香”茶（外一首）

文／张书剑

翻越时间的障碍
去洗尘脱俗
品味“三杯香”茶，是品味
“三杯香”茶精心演绎的
幻觉和温柔
与心事无关

杯子不要大
能装下夜色就好
杯子不要小
能盛满情色就好
一杯“三杯香”茶
绽放所有的梦想
与喉咙的偷欢
在液体中浴火
安宁明艳的喧嚣
掩埋一切的寂寞和尘埃
温暖每一个人

与“三杯香”茶共谋
敞开渐变沧桑的胸怀
一辈子一杯茶
守望自己，牵着影子回家
脸上抹满“三杯香”茶的色彩
延续无限的剧情

“三杯香”茶的姿态
是一些私密的语言
只可意会不可言传
一旦表达出来
便淡化了人生的深刻
“三杯香”茶的本意
是铸就悠远的梦
让你努力地想，认真地做
好好地品味与感悟

“三杯香”茶的意象
“三杯香”茶是另一种表达
精致的杯子
铺满真挚的写意

会让你聆听到
飞扬的青春和激情

“三杯香”茶是另一种温暖
像春风拂面
似柔情在心
生命永远不需要
承载太多的沉重

“三杯香”茶是另一种视角
以一串串温软的脚印
踏踏实实地走过
也实实在在地印证
人间固有的热烈

“三杯香”茶是另一种图腾
在茶香升起的地方
以妩媚缤纷的情调和
眼前难得的温馨
构出一幅逸世的平静

品香辞（组诗）

文 / 王梦灵

“三杯香”

入水，勾勒淡淡墨痕
惊醒山中鸟鸣，初饮朝露

芳华初绽，红颜将至
有云雾初霁，倾刻间泻出草木之心

采茶人之心，古城烟火之心
山川云港之心……

浮生不尽，染一方山水
写意沧海，泡一壶温绿

且待芳心暗许，良宵暗渡
佳期如梦，约于荼蘼之时

品茗，闲敲棋子，观心底深深缱绻
观四月芳菲吐出人间春色

品香辞

人过茶乡，三杯入喉
相遇青绿，红颜白发
云烟渺渺，情怨依依
静水流深，人间寂寂——

我所依傍的
是我深爱、眷恋的
春雨不寒，时光缓缓

饮茶，入梦
飞花飘过苍茫大地
天涯不远，相遇百年

沉向清澈之水
渐渐混浊的茶客
错过乱云飞渡
一抹绿，在幽深处颤抖

人溺在山水间
穿越被忽略的青山碧水
清澈只是片刻无相
饮下，我们就携手凋零

饮茶人

翻卷的身体吸着水色
皮肤泛起微寒
天色被时光影响
吸附于茶林之间

有采茶女正当年
淡芽舔着赤裸的心
在舌根囤积的苦
所尝却有百般滋味——

茶韵

风轻轻吹向安静的心
解开松散的发髻，

一千颗灵魂微微动荡
萌发出一片森林

比风更静，比故园更凉
拈茶为酒，指荷为田

品茶人饮清泉入心
尘事几许，谈笑以释

茶乡情歌

文 / 杨冬胜

清明之前采茶忙

鹅黄或者青碧，眼底恍如出水芙蓉

淡淡的雾，挡不住你的满腔热忱

幸福随时掌控在手中，那些钢铁化为绕指柔的深情

是时，掐得出水的芽茶，在表演争先恐后

你的双手灵动，在叶间舞蹈

幸福在眼底荡漾。那迤逦起伏的茶园是一幅宏大的画卷

你手持画笔，皴染、劈、点，挥洒自如

这些年的波诡云谲，总敌不过一身的雄心壮志

心有阳光，总有晴空朗照

行走茶园之间，草木馨香，沁人心脾

采茶人紧赶慢赶，怕清明倏然而至

那尊贵的明前茶，有傲立于天地之间的姿势

二十四节气是深入民间的农耕法则

你懂，大地之民都深谙此道

于是，你必须马不停蹄

内心有千年的守望，身上就有厚积薄发的力量

于是，你的明前茶成为一种地标，成为一种时尚

那些与节气有关的叙事，就像一方篆刻

茶入沸水，芳香四溢，春天永驻。而青春也将永驻

静默如诗。其实这里面有场波澜起伏

缱绻的茶乡情歌

满目青碧，引动内心柔软的情愫

于是，你尽情放歌，千千万万的草木是你的忠实听众

长风吹送，那些年华已如水逝

但你一生荣耀。茶园是你壮丽青春的结晶

艰苦奋斗可以抵达幸福

一曲又一曲。古老的情歌，不会衰老

你的她也敞开歌喉欢唱

悲欢离合，酸甜苦辣，不必刻意去关心

用美丽的心情经营每一天、享受每一天，就是快乐源泉

采茶，制茶。闲暇，啜饮一杯

茶园生机盎然，欢声笑语随风荡漾

偶尔，有俊男靓女一展歌喉

歌声此起彼伏，山间回响

而他们那灵动的纤纤十指，却在茶叶间飞动，芽茶不断落入茶篓

草木万般的柔情，俯首即是

慈眉善目的老人欢喜时也低吟浅唱，在阳光里翻晒简单的幸福

可以简约，也可以直率

山水草木给了大地之民率真的情怀

人生如草木，但必须如草木一样坚韧地去活，活出精彩

草长莺飞，回归自然，把身心付与清风流水

品饮“三杯香”

文 / 李天阳

饮茶多年
深知一壶茶的辽阔
在泰顺，于一壶“三杯香”的前世今生里
感悟跌宕起伏的青山绿水
比如从葳蕤竹林间滑落的
大片云雾
引得笋们万箭齐发
拔节声响彻山谷
比如从无边无际的茶园
扑面而来的若隐若现的绿雾
让人如入仙境
那些嫩绿鲜活、毫锋显露的茶仙子们
有着过目难忘的魅力
让一个外来者
一个匆匆过客
经不住一眼误终身的诱惑

我陶然，一部经典的《茶经》
滋养了古今中外的茶友
一个沉醉其中的人
一直沉迷在时光之中
安坐于苦思冥想的悬崖
往往深陷于这香高味醇的汤色里
无法自拔
在重峦叠嶂间
“三杯香”是泰顺递给世界的一张金字名片
我会心一笑，诗情洋溢
从此，行走江湖，心怀茶乡
做一个淡泊之人
一个诗意栖息的人

“三杯香”，一壶好茶的唯美抒情（组诗）

文 / 惠远飞

“三杯香”，一壶好茶的唯美抒情

一山绿意，站在云雾缭绕的雁荡余脉
雨露晨光中，嫩嫩的芽尖呼吸吐纳
大地最深沉的恩泽
在一种叫“三杯香”茶的植物中永久地歌咏

采摘，烘焙。一生的砥砺
都寄托在一只壶中，腹有乾坤
被浸润在一盏清水中
坦然地释放自己的澄澈与温润

浮浮沉沉。划翔于水的姿态
来源于追求生命价值最初的本真
毕生最绚烂的傲然绽放
在与热情如火的液体水乳交融的一瞬
芬芳的水，缓缓溢出

那浅浅酙出的，一点一滴的
淬火骨血的叶里，生长着一座座葱郁的茶园
还有东溪那头戴竹笠采茶女的身影

一只蝶，翩翩越过头顶
倾听小焙红炉的火焰燃烧成陆老前辈
经书中的经典句子
在古色古香的紫砂壶中踱步，沉吟

做一壶好茶，炉火在不断升温
雁荡高耸的韵脚下，精细的流程在高速运作
环节与责任，紧紧相扣，密切锁合
倾斜的液体里，飘逸的空气中
“三杯香”，永驻着一颗忠诚岁月的匠心

在“三杯香”中寻找诗意的春天

深藏在浙南群山之中，饮日月精华
汲山川精髓，成一杯佳饮
澄明的岁月，无皱无纹
绽放、舒展的馨香永世流传

从山重水复的传说和发黄的典故中露出尖嫩的芽
刺破雾霭和九曲十八弯的小径
在山的深处悄然定居
一生一世，仅仅向往一泓清冽的甘泉

时光轮回，这些印记在你身上留下
阳光和雨露，晨曦和朝霞
你默默生长，不慕绚烂的花期
向着农人躬身的姿势，一路追赶

绿衣为妆，素面朝天
高温烹制，曝晒风干
滚水冲泼，起伏酸甜

在三杯水中，浮浮沉沉
拥有自己着独有的归属感
放松的表情，娇媚的容颜
在舌尖，站立着你香甜醇爽的青春
还有那诗意氤氲的春天

与茶共度一生

饮一泡醇厚的茶香
堆积一段绵长的故事
洗练而温和，精致而低调
如煮水、冲泡的过程

煮，一个跳脱的动词
煎熬我们的一生，那些苦难
和坎坷，在热气中蒸腾
我们用动词激励自己并与人共勉

泡，另一个温润的动词
浸淫着那些风雨之中的人
不畏烈火加身
无惧汤汁纠缠

碧澄的茶汤，轻轻摇动
我在茶中
茶中有我
看尽辉煌惨淡，人世悲欢

“三杯香”茶，沸腾了天降的美意（组诗）

文 / 温勇智

一

很向往，有一块小小的净地

足够我们静心。在这儿，一切都应当是清新的

清新如一叶茶上的露珠，在朝阳下

折射出一缕缕有思想的光泽

背靠瓦饰的墙，然后，点一盏茶

最好是“三杯香”茶。那茶，不断伸出绿来

仿佛云间缥缈的禅心

时间很慢，像细雨一样在盏壁浸润

像月光一样在水中行走。只要有风轻轻吹拂

那些遥远的人和事，就会回到当初

在这个青葱的季节，适合从一杯茶中提取山水

适合品味一首“三杯香”，适合聆听一曲采茶调

雀苔你听得懂吗？即使不明白

但你会知道它每一次伸展，都是自然的谈吐

显示高深的道行和城府

二

我看见纷飞的平仄，美的韵符

在杯盏里绽放。荡开雨水，荡开星空

让茶回到叶，让水回到云。一瓣瓣清凉的玲珑

新念起，旧念落

鸟语在宋词外，被钟声抱紧

一片叶子收起整个茶的禅心，和虚拟的青山

隔水相望。茶香近在咫尺

在湿润的眼眸中，暗喻爱的位置

时间慢下来。茶韵和心跳

同时飘落。一朵雀苔的影子

在水中迁徙，没有贪婪的杂念

和一盏茶心意相通的人，只认取水和茶相融的有关章节

三

合十，念诵。指尖应该知道

一盏茶的秘密。在赶往茶马古道的路上

蹄音渐行渐近

日光、月光斜进来，鸟语、蜂鸣

斜进来，风声、雨声斜进来

苦难举重若轻，孵化出来的文字

就融为甘甜了。人间此处，没有了尘欲和贪念

月光和雪，都在堆积

苍松翠柏，离不开山水同盟的底蕴

伸出的手，雨落成茶，成禅

风吹茶不动，在俯视的深处安身立命

夜未央，无数轻盈的碧影

放牧在水中。一寸春天的素心

紧抓了我的衣衫。我化为其中

或为时间的一枚梵音，与你宁静致远

四

虚拟远方，虚构日月

虚置烟火，虚空红尘。在一盏茶里

一石一瓦，一缸一罐，一瓢一饮

一抹古风，一记流痕，一滴水声

被时间反复验证，仿佛很近，又仿佛很远

杯内，春意正浓。思念之鸟丢下的羽毛

——茶叶，为喧嚣尘世，定位心灵归宿

它喋喋不休的雀苔，有一种浸透灵魂的感觉

把耳轻轻地靠近，就能听到满山的鸟鸣声

我行走在尘世之间，它就成了我

也是水最好的口粮

这是一件多么美妙的事情

隔世离空的美，随着时间流

江山，拿起来又放下

一切尽在不言中

五

闻香，就可以知茶。一片会思想的叶子

在杯盏里低吟浅唱。体内

灌满了蓝天、白云、阳光和鸟语

暮色涌动。茶叶上的时光开始动身

一小瓣一小瓣地在我的诗句里绽放

等着你来采撷。声声慢的词牌，一半有你，一半想你

落日打坐。两个对茗的人

游走在时间之外。押在血管里的禅韵

滴滴答答，氤氲的茶香，漫过了我的心堤

彼此之后，不说相思，只说心和茶的交汇

每一粒，都是岁月，攀附在茶壁

抑或茶的眉里，然后，由浅入深

由淡转浓，叫醒身体内的晴空

时光如水，华灯初上

山河无恙，日月悠长

风扶起过往的影子，听茶的倒背如流

若时间刚刚好，将对影成三人

“三杯香”茶，一帧不会褪色的水中山河（组诗）

文 / 张凌云

“三杯香”茶

高山之巅。是谁眨闪明眸善睐的眼睛
熨烫我们凹凸不平的内心。一粒
凿向悬崖峭壁的种子，张开挺拔的身姿
用一滴茶香唤醒鸟鸣

袅袅的烟岚从胸中升起。有清澈之气荡漾肺腑
撑开一枚枚小小的伞，继而叩响哒哒的马蹄
到达翼翼如飞的心尖

鲜翠欲滴的春光中，我不是过客，而是归人
沿着香草美人的路径，我将脚下这一方
日月山川抱定，也在不经意的对视中
看见岁月深处那颗最鲜亮的美人痣

泰顺密码

人间秘境。绿意葱茏的燃烧的烟火
如此广袤纯净的绿，仿若
倒淌的河流，让一个人滤尽所有的机锋和杂质
在时光的漏斗中慢慢回归童年

茶是茶，茶非茶。茶香氤氲的泰顺深处
于是有了仙女飞天的神韵，甘柔醇绵的甜蜜
还有那些听不见的音乐，一遍遍筛过
只有灵魂才能到达的穹顶

这无边的寂静与辽阔，调匀治愈身体的伤口
一切都有了返璞归真的味道
一个始终在寻找家的孩子，打破一生中
所有的调色板，想把自己融化成一片茶园

国风

水墨的风景，沿着或浓或淡的茶之笔
恣意蔓延，柔弱无骨的皱褶里
山河慢慢抖落出一身锦绣

有小桥流水人家，有流苏蓝裙碎花
还有一船一船的摇橹，鼓笃着
悠长的欸乃声，将一幅梦里故乡的卷
轴
涂了又改，放了又收

永远那么鲜艳欲滴。空气中
长满青葱的味道，嗅一口，古木荫下
散养千年的逸气瞬间复活

青衣

湿漉漉的喉咙，唱出越调，丝竹
唱出一管千姿百态的水袖

上下参差地飞舞
漂浮在透明的光阴里，纯净得没有
一丝杂质，甚至没有留下影子

紧绷的肉身，在水里慢慢恢复了
灵魂。有青翠的鸟鸣
剔透的雨声，纷至沓来

禅茶一味

洇开时光。唇印，或者掌纹
蜿蜒抵达静穆背后的虚空

茶水里默想，舌尖上坐禅
在一啜一饮的轮回里，越来越瘦
微苦。薄如蝉翼的花朵
不疾不徐舒卷成莲的底座

平滑如镜。谁轻轻拂动杨柳
谁又在拈花微笑，不可说

“三杯香”茶，它是荡漾的山河（组诗）

文 / 李元业

一

青山有心，让每条通往茶山的路

弯弯曲曲

路边的茶树，体内蓄满辽阔的香气

打开一本《茶经》，我们坐在南风的山坡上

期待与美人茶有一场不期而遇的揖问与执手

俯瞰人世的沉浮和大起大落

一杯茶里的氤氲是另一种潮汐，借一枚茶叶的汁液

撼动生命的旺盛

我反复聆听这持续而微弱的神启

在泰顺宽大的袍袖里化身茶水衍生出炫目的光影

二

仰头张望高处，茶树是另一种诱惑

层峦叠嶂中惦念着远处的村落和近处的花

斟一杯鸟鸣，两片雨点，越来越大的茶园，在二〇二二年某个时辰

愿意接受啜饮，说出斗茶、品茶、尝茶的乐趣

将八百里鸿蒙之宴铺张为泰顺最美的风景

三

就让一座山无边地延伸，一条溪清澈的涟漪

汇聚在一杯茶香里

所有的茶山是辽阔的，所有的茶树是柔软的

一片茶叶的性情和温度

过于悠长与沉厚

就像所有的村庄躺在古老的大地上，成为生命的节律

袅飞。轻盈的茶色，它是荡漾的山河

我接受眼前的茶林，向一种莫名的生命致敬

四

时光越深，“三杯香”就越珍贵

像黄金正轻易地绕过杯沿

而大地的契阔能容得下啜饮者被解渴

一种叫饮茶的生命被唤醒

没有人知道我为纪念一场生活的破绽

爱上茶

以及与它有关的一切事物

五

此时，那棵叫茶的树

突然在我体内晃动了一下

缕缕茶香，就在我唇齿间氤氲，弥漫……

一枚茶叶，融入雨露的效果

文 / 马建忠

清新的茶叶让泉水升华
沁心的香草让甘露芬芳
一枚自由浪漫的茶叶
像斜风中的细雨
把温润尽情滋养

一枚茶叶
云一样飘落坊间
用绿色的果浆
打湿一段历史
泰顺“三杯香”茶文化
绽开了自信和柔滑的笑脸
探求着滋补和人体循环的奥秘
这多温馨，这多甘苦，这多细腻

一枚茶叶将自然的风姿
默默敬献给知遇之恩的泰顺
这些在山野自然哺育中

成长的精灵
终于体验到上苍赠予的使命
这个崇高的使命
让用果实品饮自然的孩子
忽然高大
它们懂得康养身心的概念
它们亦认识
泰顺“三杯香”茶文化的内涵
它们更清楚
多少人传承泰顺“三杯香”茶的卓越品质

一粒朝气蓬勃的茶叶
游动在泉水中央
像圣女的微笑
普照欢乐与吉祥
泰顺茶香
清风春色的蕴藏
一出口
雨液的化身
清雅地飘起
其实根本也不用出口
它是灵魂的皈依
泰顺山色的清梦
绿挽郊原间猛地抖动
会涂上琼花的颜色

也不用去看
圣洁在黑夜里
让一起求索的古树
闻一闻
也会知道
沏出灵性，还有宽容

甚至不用去闻
一颗会走动的水草
在采茶曲中
淡淡地，听一听
你就会知道它的来处

少年与一杯乡音

文 / 方向

很多年前，我不懂转换
斟入杯中的旧时光，很难看清少年笔下的一座座茶山

他没有诗中的近水楼台，也没有诗栖地的那些美丽修辞
月升起来后，一朵朵雀舌般的乡愁
才露出春天的本色

他没有专业的术语，去打开那片云雾、那片缭绕
雨水中长出的一枚枚朴素，像小学课本上
寻找妈妈的小蝌蚪

他看不懂那些橱窗里扑过来的新词、新颜、新结构
听不明白，搅动夜色的那只手上泛起的层层涟漪
但这个引入故乡的第一号春天
却最先抵达第一个听风、听雨、听飞雪的山里孩子

有时不知不觉斟满我，十年未落的白月光
扑簌簌落到纸上，又从泰顺的一隅
走到他乡

很多年后，竹篓、山路、灵动的手指
清明、谷雨那两扇葱茏的大门，不时在他中年雪中打开

三月，当我们坐在同一杯乡音前时
话里话外、窗里窗外，已分不清
一滴纯朴的“三杯香”茶缘里
哪些雨声是忧伤的琴音、哪些雨声是幸福的春芽

泰顺，一壶茶的辽阔

文 / 秋石

饮茶多年
深谙一壶茶的辽阔
在泰顺，于一壶“三杯香”茶的意境里
徜徉起伏跌宕的山水
比如从青翠竹林间滑落的
大片积雨云
那些笋们，着青衣，戴箬笠，万箭齐发
清脆的拔节声
响彻山谷
比如从漫山遍野的茶园
扑面而来的丝丝缕缕的绿雾
让人迷离，缥缈
那些形如蕙兰，白毫显现的茶仙子们
一身兰花香或板栗香
一个外乡人，一个匆匆过客
是经不住这些诱惑的
我欣然，一部《茶经》
养活了古今万千茶客
一个嗜茶如命的人
一直牵着光阴的马
安坐于思想的悬崖
往往深陷于这袅袅的汤色里
难以自拔

在青山绿水间
“三杯香”是泰顺递过来的一张名片
我笑纳，心怀荡漾
从此，饮马江湖，喊一声泰顺
做一个幸福的人
一个诗意栖居的人

泰顺：“三杯香”茶可赋诗

文 / 陈思侠

“三杯香”：清心的礼仪

有清明的气息，若雨露，若花蜜
茶盏间，回旋的云雾，有甘泉的回音
有毫锋青绿的翅羽，过肺腑

清茶一壶，淡如水，浓似酒

咫尺天涯，闻香识人
也就在一口茶水间
恭敬与至诚，让心仪之礼
胜过了翻越千山万水

泰顺民谚说——
呷人一碗茶，心间结个芽；
呷人一碗酒，心间结个纽。

一杯茶，引我出了江湖和凡尘
聆听到自然、亲和的琴音，那情分
当端得起人生的乡愁和人间清欢

茶亭：烟火味里的乡土

五味杂陈的人间，清茶
最是消暑的至味

仅仅是那一瓢，让喧嚣的正午
炎热的日光，遮挡于斗笠之外
淅淅沥沥的冷雨，会生出晴暖

山道上、街巷口，一桶清茶
让茶乡烟火味里的乡土
有了温润韵味。有了和善风气

有一方水土之灵气
有相亲相爱的温情
这是泰顺的理气之效，也是茶亭
作为民俗书卷上，朴素的待客辞

身边的事物彼消此长

文 / 汪再兴

曾经，向死而生

栽下遍山绿
养护图省事
还掐的就是芽
择的就是嫩
一垄垄摘了去
一茬茬来又回
在别人的歌声里
不是晒青凉青
就是摇青筛青
甚至，杀青
但，作为一种树
依然月月绿、年年青
作为一种茶
即使被千揉万捻
或发酵，甚至赴汤蹈火
但你一泡，它又生香
并入心润肺，提神醒脑
一枚茶的诞生
整个地，向死而生

“三杯香”，共富茶

在泰顺
只有先知先觉的使者
才能理顺盘根错节的思维
然后才能带领茶叶
突出树干的重围
鼓凸枝丫的树皮
以至先于草本木本
觉于季节岁月
共同完美地，绿
——绿出心尖的形
绿出柔情的嫩
绿出茶花的香气
绿出茶籽的芳龄
绿出千山万壑的雾气
绿出茶林特有的风景
木质的，性格和灵魂
所以，这“三杯香”茶的叶
经得住多少风雨
就聚得拢多少灵气

散得出几多茶多酚
就提得起几分的精神
看，一枚茶叶刚被采摘
一枚茶叶又被晾晒
一枚茶叶正在，杯里泡开

泰顺茶客

对于茶
茶客就是客
比如泰顺这片土地
没有谁比茶更熟悉
扎下根，就永不离弃
还长叶，为黄土添绿
开花，向岁月致意
绿嫩的芽被采来摘去
满山遍野，仍万壑风生
一辈辈，一辈又一辈
慕名而来的客人
即使吹散满杯的热气
甚至吹尽满山的雾气
看清了泡开的茶叶
认准了最精华的部分
也很难随着叶脉的纵横
走出茶道
直抵茶心
并，臻于茶境

身边的事物彼消此长

人走茶凉……
网是要上的
茶是要泡的
绿萝是要浇水的
想起你也是应该的
摘一片叶子
扶一枚新芽
——还像采茶时那样
此刻，水珠是不动了
藤，仍枝蔓着上墙
惹得尘埃和茶香
飘浮又落下
身边的事物此消彼长
只不过，粒粒都闪着阳光

泰顺茶：书写着“三杯香”的秘籍

文 / 丁济民

岁月成禅，承接了一页页灿然的日子
用茶香翻转的波纹，镀亮泰顺山村尘世间
曼妙的福祉。那些凝固了梦想与渐进的
时序，将众生祝福，风行延续

往事断流，让茶乡小镇的靓丽涂亮岁月
铭刻着山水的偈语。山川亢奋着
一种向往，书写着“三杯香”的秘籍

知性的烟雨，是大地按捺不住的心跳
将万千往事收藏，嵌入修辞亢奋的黛绿
泰顺，用古韵新词，耀亮了几多光阴远去

春风写意。新时期的画轴上斜插着几丝细雨
鸟雀是斜飞的动词，云层里的阳光翻拍着低处
一些封存的轶事，在茶香怡人的坊间汩汩逸出

古韵恒在，江河澄澈，山起微澜
万千个无法退回到萎靡的思绪，正用茶香
润笔缮写着，与幸福撞了个满怀的日子……

茶乡·将山村的册页擦亮

茶乡，氤氲在一幅水墨画里
把层层叠叠的传说，推向时光之外
直立的山崖，把疲惫的落日
月色与流年，一再泼墨与重塑

茶园，滋润了青山绿水的属性
日子扑面而来，绕过古朴的隐喻
撑一片豪放与安详与温热
款款涉入，纵深重塑的岁月

时代的风，撩动了人们昂首阔步的日子
手持彩笔的朝霞泊在水畔，把大地圈阅
删改山川的豪情，被风编纂成一部簇新的神话

阳光写意，借用了小溪中一朵洁净的浪花
那些闪烁着古风新韵，仿佛斑斓的颂词
将这里夜以继日的搏击，匆匆擦亮、认领

灵动的山村，有柔软的纹理，坚韧的内涵
云卷云舒，光影斑驳。无数远去的瞳瞳人影
现实与过往交换着温热，交换着自然宁静的眼眸

采风茶乡

采风泰顺的诗人，有诗文绝句汩汩溢出
山村笑了，游览的人笑了，山山水水都笑了
连窃窃私语交头接耳的太阳风也笑了；我瞥见
微风轻踩着脚下的沃土，撒着欢一溜烟跑过

激情四溢的时光，印证着一个个非凡的日子

山村已不再正襟危坐，于水中倒映着娟秀蓬勃

时光会渐行渐远，而山村仍然年轻、青涩

茶乡的故事，是一颗耀眼又暖人心扉的灯盏

乘风拔节的泰顺，刷新着挺立奋进的夙愿

幸福，花瓣般渐次绽放，滑落的轶事正在被岁月

收藏为经典……

泰顺“三杯香”让时光慢下来

文 / 柯涵瑞

我妈妈是一位茶艺爱好者，经常穿着国风版传统服饰参加各个展会，在家里还专门开辟了一个专属领地——茶室，摆了一张茶桌，配置了曲水流觞的一些茶具，不时邀请一些爱茶人士来家里聚会，并免费指导他们如何科学泡茶和评茶。

有一天，我们学校举办了一个大活动，就是茶艺进校园，我妈妈刚好也在其中，这一次使我真正地认识了茶！

茶在我国已经有5000多年的历史，东汉时期（25—220）的《神农本草》中就记述了“神农尝百草，日遇七十二毒，得茶而解之”的传说，可见，茶叶还有清热解毒的功能！

妈妈拿出了一盒茶叶，品牌是“泰顺三杯香”。有意思，在我的记忆中，我好像看过《廊桥遗梦》，知道泰顺有美丽的廊桥，至于茶叶我还是第一次听说，看到茶叶的外观细紧卷曲，煞是好看，就像一个个美少女蜷缩在睡梦中一般。妈妈说：“泡茶也是有学问的，水为茶之母，器为茶之父。”不同的茶叶需要不同的水温去泡，时间也有所不同，同学们把我妈的摊位围得水泄不通，大家争先恐后地接过杯子，将泰顺“三杯香”绿茶一饮而尽，有的还忍不住，继续要第二杯和第三杯！好像春天就在我们的舌尖一样！

显然，这次的茶艺进校园活动取得了圆满成功，深受老师和同学们的欢迎，我算是彻底改变了对茶的看法！

妈妈告诉我：“古人以茶助静、以茶会友、以茶炼丹。”我听着似懂非懂，有一天，我遇到一道数学的难题，苦思冥想就是想不出来。我索性学着妈妈的样子，泡了一杯泰顺“三杯香”，看着茶叶在杯子潇洒自如地翻腾，好像她遇到了水，又获得了重生一样，慢慢地，我也就安静了，不一会儿，我从另外一个角度去思考，这道难题就迎刃而解了！

有时不是题目难，而是我们没有静下心来，条条大道通罗马，这条道行不通，可以考虑换一个思路，这就需要真正地把心灵放空，让自己真正地安静下来！

渐渐的，我爱上了茶，更爱上了泰顺“三杯香”，我周末也经常邀请同学到我家来喝茶，现在买奶茶越来越少了，我们慢慢变得不再肥胖了，想不到，喝茶还是一种健康的生活方式！茶不愧为国饮，我要为泰顺“三杯香”代言，多喝茶，有助于安静，有助于思考，有助于健康！

一杯茶，让我养成了良好的系统的思考习惯，不仅让我成绩突飞猛进，我的身体也更好了，身材也越来越好！

让时光慢下来，多些思考，感谢泰顺“三杯香”！

我的“三杯香”茶缘

文 / 李国保

那是1997年秋天的一个午后，对茶叶刚有点懵懂认识的我去王岳飞老师办公室拜访学长。王老师泡了杯他的当家产品——“三杯香”茶招待我，那滋味至今记忆犹新，仿若一对青梅竹马的少年少女，柔软、甘甜、紧张、刺激。应该就是那一刻，我的“三杯香”茶缘便悄然深种。

学校毕业后，我辗转于西安、北京、深圳等地从事茶业，总感觉自己如随波逐流的浮萍，无法驻足，心也从未感到归属的满足，像一个离家的孩子着急慌忙地到处找寻自己想要的东西。直到温州市非物质文化遗产（“三杯香”炒制技艺）传承人吴晓红致电我：泰顺茶业需要你，“三杯香”需要你。也许是“三杯香”三个字击中了我内心最柔软的地方，我便跋山涉水来到这浙江最南部的山区。

自从在学校见识了“三杯香”后，每学期末我都会将结余出来的学杂费变换成“三杯香”茶带回家。原本不怎么喝茶的父亲有意无意地泡了喝起来，慢慢竟也养成了喝茶的习惯。后来在外漂泊时，我也总要将自己认为的好茶带些回家，不想总换来父亲的唠叨：“你在外面做茶叶，怎么也不见你带些好喝的茶回来。”这让我百思不得其解。但在我来泰顺再带“三杯香”茶回去的时候，却意外地没听到他的唠叨，倒是换来了母亲的唠叨：“你带回来的一些茶叶全让他一个人喝光了。”我只好微笑回复她：“没关系的，现在‘三杯香’可以管够。”父亲喝着“三杯香”，总是旁敲侧击地向我了解泰顺这方水土、这方人，在他的心底也许有了想到泰顺走走的愿望。可惜最终我都没能帮他完成这个心愿，只能在他去世后停柩在家的几天，每天为他祭上三杯“三杯香”茶。

与“三杯香”结缘是幸福的。我喜欢喝“三杯香”茶，一年四季都喝，不似茶友圈春天喝绿茶、夏天喝红茶、秋天喝花茶、冬天喝黑茶。在万物复苏的季节里，我泡上一杯刚上市的“三杯香”，看着幼小、嫩绿的芽叶在杯中翩翩起舞，就像将整个春天拥入怀中，全身充满了萌动的激情；炎炎夏日，早餐后我喜欢用茶鼓泡上一壶“三杯香”，浓醇而不酽，外出劳作回来咕噜咕噜地喝着，顿时一股清凉、甘甜直沁心脾，将体内的暑热一扫而光，口腔也持续生津；在丰收的秋季，我喜欢泡着“三杯香”，不急不缓地喝着，茶汤温度刚好适宜口腔，喝个两三碗，便抚平了这季节的干燥，润透了喉咙、枯肠，感觉“文字五千卷”就在前方招手了；在寒风凛冽的冬季，我最喜欢双手捧着一个玻璃或陶瓷的杯子，一杯一杯的热茶喝着。这时手心的这杯“三杯香”茶就如同一颗小太阳了，照暖了躯体，甜润了身心，让我很快进入“肌骨清”的状态。一位堂叔如是向我描述：冬天烤着炭火，边上孙子孙女们在玩耍，嗑花生、瓜子，桌上泡着一杯你送的“三杯香”，看着杯中鲜活、柔嫩、黄绿的芽叶，不时喝上一两口，这幸福拿春晚来和我换也是不会换的。我竟痴痴地想：到老年我应该可以沉浸在幸福的海洋中了。

与“三杯香”结缘，是选择了真、善、美。“三杯香”的包装里我最喜欢富氧礼盒了，包装一映入眼帘就感觉一股森林中清新的空气扑面而来。极高森林覆盖率的泰顺属亚热带海洋季风气候区，非常适宜居家。气候温和，雨量充沛，四季分明却极少有夏季的酷暑和冬季的严寒。在盛夏时期，频繁的台风常带来凉风和雨水，寒冬时期大雪都不忍心踏入这块风水宝地。富氧礼盒外形方正、朴实大方，入手极为质朴舒适。这也是泰顺人民性格的写照，泰顺人纯真、善良，也极富有正义感，走在大街小巷，只要有争执的地方总会有人勇敢站出来维护公正。泰顺人对小朋友都像称呼自家小孩一样亲切地称为“娒”，泰顺人与人聊天时频繁使用第四

声“嘿”、第二声“噢”等语气词，平添了无穷的亲切与温柔。这种包装配以“三杯香”茶，完美阐释了泰顺的真、善、美，也许只有这样的一方水土、一方人，才能养育出如此美轮美奂的名茶吧！

与“三杯香”结缘是温馨的。刚到泰顺时，所有的茶企老总、茶农都对我关怀备至，“三杯香”的从业者都似一家人时常聚在一起谈茶论道。我还能借县里经常举办“三杯香”技术研讨会的机会见到大学时的授课老师，如梁月荣、龚淑英、骆耀平、王岳飞、杨秀芳……能继续聆听他们的教诲，能见到大学时的学友，更幸运的是还能有机会获得与业界院士陈宗懋、刘仲华交流的机会，我真切感受到自己是中国茶业大家庭中的一员，这是何等的温馨。

缘来缘去，缘定终生。我现已定居泰顺，看着子女渐渐成长，一家幸福美满，由衷感谢这份“三杯香”茶缘，也将倍加珍惜它，继续在“三杯香”这份事业中砥砺前行。如今在温州、天津的公交车上，在上海虹桥发往全国的动车上，随处可以见到“三杯香”的唯美宣传画面，相信“三杯香”会与更多如我这般的人结下深厚的缘分，带给他们健康、幸福。

坦坦茶生路，悠悠“三杯香”

文／文国

茶自问世来，因高贵典雅又接地气，深受国人喜爱。耀眼夺目茶林中，有一款茶与众不同。我与身边一众忠实拥趸，都沉醉于它的博大精深，感恩于它的别样魅力，流连于它催生的动人故事，见证它的绝美味道和盛世风华。它就是泰顺“三杯香”茶。

我与茶叶初识是在小学阶段，低矮的三间茅草房子里。一次家中来客，母亲手把手教我将一褐色纸包裹里又黑又粗糙、似小碎杂草沫的东西，放于一白色大瓷缸里，后倒满热水，称之为客人泡茶。茶水到底什么味道我当时并不知晓，因我只负责帮忙给客人倒水，父母没让我喝，说小孩不宜喝茶。

我喝到的第一口茶是在山间田野，读初中的第一个麦收假期里。大人孩子都在生产队大田里一块忙活抢收，母亲为帮助除热解乏，将饭与水送到地头，水壶中加了把招待客人的茶叶。因别无选择，我吃饭时渴得急忙大口喝，几口吞下，有些龇牙咧嘴，心里嘀咕道：这就叫茶水吗？

1976年底，高中毕业后的我有幸被挑选进公社大院，从事新闻报道写作，与两位老师同屋。没几天工夫，我发现他们有共同的习惯，早晨上班后不约而同打开办公桌下的抽屉，取出黄色纸袋里的茶叶，泡在茶缸（铁制水杯）。他们见我有点好奇的眼神，也给我来了点，并道出原委：“写好东西需要动脑筋，离不开它，常喝点茶水能提神助力呀！”从此，我也仿效，虽然薪水微薄却也挤出些许去供销社（当时唯一的购买处）买茶，且每回都是直奔着便宜处去，花两三块钱买回一包，开始了我工作早期的饮茶。

之后，经过一番拼搏个人考试成绩优异，加上组织上给予大力推荐，1980年深秋，我被选调到另外一公社任党委秘书。10年后的初冬，又被上级调进小县城任县委办公室秘书。随着工作职责和环境改变，我偶尔也接触到单位的招待茶。这时我才明白，茶水不都是苦的，而受茶叶品种、品质及泡茶数量等因素决定。

伴着改革开放浪潮滚滚向前，城乡工农业生产等日新月异，农民大幅增收，工资收入也成倍增长，自己及家庭里饮茶习惯也开始讲究起来：茶杯、茶壶、茶桶、茶盒等焕然一新，尤其是盛装茶叶的木桶与盒子，因购买不同品种茶叶而储备不少。招待客人的茶叶不再是单调一种，春喝青茶、花茶，夏喝绿茶，冬喝红茶，有更多挑选余地。直到接触泰顺“三杯香”茶后，味蕾被彻底征服，“三杯香”融入我的工作生活，成为我对美好生活向往的不可或缺一部分。从此，我以“三杯香”为日常主要饮品，不再轻易改变。

当时自己在某市直部门负责材料工作，加班加点是常态，辛苦遭罪常事，费神费脑常有。写材料有三难：一是难想，大思路、大框架，不绞尽脑汁难以成型；二是难写，尤其写材料人对写的领域、内容不熟悉，写起来更难上加难；三是难受，特别挑灯夜战通宵熬夜，个中滋味不言而喻。抽烟有害健康，喝咖啡不习惯苦味。领导向我推荐泰顺“三杯香”茶，告诉我喝“三杯香”的神奇功效，笑称：“营养又好喝，谁用谁知道。”从此，夜深人静、人困马乏之时，我都为自己泡上一杯“三杯香”。特别是夜里写稿陷入疲惫时，暂时离开电脑，打个呵欠，伸个懒腰，端起茶杯，深深啜饮两口，让独特的茶香、别样的茶感直入五脏六腑，渗进每个细胞，头脑冷静许多，一些奇思妙想不经意间从疲惫的脑皮层后闪现出来，带来意外惊喜，令我在“山穷水尽疑无路”中找到“柳暗花明又一村”。就这样，“三杯香”成为我写稿路上的动力源和兴奋元，助我攻克一个又一个文字路上的“娄山关”，引领我在浩瀚的文字海洋中披荆斩棘、踔厉奋发。

退休后，老有所乐的我成为家乡马拉松比赛项目的一名志愿者。有一段经历令我印象极其深刻，尤其是与“三杯香”的再次相逢，更让这段经历很有意义。那是一届“半马”运动会，举办方精心设置优厚礼品，其中前 50 名选手为精装“三杯香”，50 名后为保温杯、品鉴茶等精美礼物。优惠举措不仅吸引天南海北的“马友”，还引来一众“三杯香客”齐聚赛场。大家跃跃欲试，既强身健体弘扬马拉松精神，又赢得精美“三杯香”，可谓一举两得。

比赛开始，运动员们你争我赶、竞赛比拼。我作为终点引导员，眺望远处运动员身影。时间一分一秒过去，渐渐地，远处出现运动员的身影，终点处的人们兴奋不已，大声疾呼：“加油、加油……”很快，第一名运动员通过终点，第二名、第三名……越来越多的运动员抵达终点。

顿时，人员聚集，人声鼎沸。夺得优异名次的运动员和身边家人、同事激烈交谈，分享此时此刻的体会和喜悦；其他重在参与的选手也互相勉励。绝大多数运动员跑完全程，到达终点。主办方为选手颁发“三杯香”。

人群渐渐散去，我收拾随身物品正欲离开。抬头之际，我隐隐约约发现两个身影由远及近，其中一个人步履蹒跚却坚持奔跑。此时距离比赛结束已过去半个小时。应该是还有两名选手未结束比赛，责任心驱使我立即放下手中物品，重新返回赛道等待。终于，两人跑过了终点线，我赶紧跑上前去询问服务。

步履蹒跚的是一名三十岁左右的男子，跑到半程脚掌磨破受伤，另一名是他的父亲。我赶紧拿出急救箱为受伤男子消毒包扎。看见他疼得龇牙咧嘴的样子，我好奇地说：“我参加跑马项目志愿服务好多回了，选手半途因身体不适或受伤选择退出的很多，像你这样受伤后仍坚持跑下来的，我还是头一回见到。”

男子不好意思地笑笑说：“我和父亲都是半马粉丝、也是‘三杯香’粉丝，听闻这次活动，我们都很振奋，约定在终点处会合以示纪念。没想到跑到一半脚掌磨破，钻心的疼。说实在的，我真想退出比赛。但想起赛前和父亲的约定，我觉得应该坚持，必须坚持。况且，父亲年过花甲也来参加跑马，自己年轻力壮，更没有理由跑不下来。”

男子的父亲接过话茬告诉我：“看见儿子一瘸一拐跑着，自己也很心疼，也一度想着放弃比赛。但人生会面临许许多多的困难，因为一点伤痛就轻言放弃，以后干什么都会一事无成。”

包扎结束后，父亲搀扶着儿子走出赛道。两人选择僻静之处席地而坐，各自泡上一杯主办方提供的“三杯香”，享受此时此刻的快乐静谧。他们脸上洋溢着幸福笑容，快乐而自豪。如果他们半途而废，应该不会有现在的欣喜和满足。

我想，人生的极致快乐来自哪里？或许源于对约定的信守，源于坚持不懈的奋斗，源于经受风雨乃至疼痛之后的彻悟涅槃，更源于手持“三杯香”的那份淡定和从容。

“半壁山房待明月，一盏清茗酬知音。”无论工作期间，还是退休后，每次相逢“三杯香”都带给我好运和满满正能量。在缕缕茶香中，我懂得心如止水、洁如明镜；知晓生命不息，奋斗不止；更明白吃苦在先，方能苦尽甘来，生生不息，方能源远流长。

借此征文之际，衷心感谢“三杯香”茶的美妙故事。我愿努力用文字把“三杯香”的故事写好写活写精彩，将“三杯香”推向更大的舞台，绽放更加夺目耀眼的光芒。

泰顺“三杯香”茶沁心间

文 / 晓宇

我的家乡泰顺产茶历史悠久。明崇祯六年（1633），《泰顺县志》就有“茶，近山多有，惟六都泗溪、三都南窍独佳”的记载。清代，泰顺所产“黄汤”“白毫银针”均被列为贡品。

春天，家乡的茶园是一道美丽的风景。清晨，云雾缭绕，茶叶的清香弥散在空气中，身临其境恍若仙境。当太阳升起，雾气慢慢散开，郁郁葱葱的茶树在阳光的照耀下如在清水中洗过，鲜艳明亮。茶园深处，采茶工人动作飞快，十指翻飞，微风吹拂，茶树也跟着翩翩起舞。徜徉在美丽的茶园里，茶树重重叠叠，层层叠翠，周围的空气是那么的清新，宁静中流动着一股特殊的茶香，这种清香，沁人心脾。你在这边山，我在那边岭，呼山风，唤亲戚，亮山歌问候，飘茶香表意。种茶人满脸自信，买茶人写满虔诚，看是谈生意，其实是交心，大家都不愿意用商业的铜子砸碎底蕴深厚的茶文化的镜子，他们共同呵护文化，呵护心灵，闻着茶香，品味心香！

一杯泰顺“三杯香”茶，用井水、泉水来泡，清香飘逸，沁人心脾，让朋友心醉神迷，如坠仙境。泰顺“三杯香”茶的意境，即与茶相伴而来的，清新、淡雅、闲适、悠然，亲切而自然，因此，泰顺“三杯香”茶才不同于一般口腹物欲。泰顺“三杯香”茶是上苍赐予花的福祉，是采天地之灵气，历岁月之磨砺，得自然之造化的圣品，是自然与人文孕育而成的精灵。

这天，我泡上一杯泰顺“三杯香”茶，但见其形似眉，条索紧细，汤色翠绿，清澈明亮，呷上一口，只觉香气清纯，底蕴浓郁，滋味醇厚，甘甜爽口，让我清心醒脑后，不被梦所缠绕、所困惑。

泰顺“三杯香”茶好香啊！我端起茶杯，深情地吸闻着茶香，再慢慢地轻啜一口，顿感齿颊生津，其味似山泉，如鲜桂，像薄荷，沁人心脾，随之全身蔓延开来，让人神清气爽，好一道清心洗尘的茶：清醇淡雅，品质醇和。

泰顺“三杯香”茶味道好呀！品茶无语，心静悠闲，那千里奔波的疲劳在品茶中不知不觉地消失了，我闭目养神，优哉！优哉！我仿佛穿越历史的时空，看见唐朝佛教法师兼诗人皎然在山寺品茶，用诗赞茶：“一饮涤昏寐，情来朗爽满天地。再饮清我神，忽如飞雨洒轻尘。三饮便得道，何须苦心破烦恼。”唐人饮茶的感觉今天在我的身上得到印证，让我在自我品茶中释放出春风得意的泰顺“三杯香”茶情结。

我日日少不了喝泰顺“三杯香”茶，一日没泰顺“三杯香”茶好像少了什么似的。特别是每当夜深人静，独坐静谧的书房读经、写讲章，我都要泡上一杯泰顺“三杯香”茶，似乎没喝泰顺“三杯香”茶读经没有味，写作也写不出东西来。泰顺“三杯香”茶能使我身心得以洗涤，紧张的神经得到舒展，世上的多少无奈，生活里的多少苦恼，事业道路上的多少难关，随着一缕缕的泰顺“三杯香”茶香飘散而去。品泰顺“三杯香”茶如饮琼浆玉液，是不可多得的享受。

早上一杯泰顺“三杯香”茶，醒智；下午一杯泰顺“三杯香”茶，养颜；晚上一杯泰顺“三杯香”茶，安神。常喝泰顺“三杯香”茶，增寿。泰顺“三杯香”茶干茶条索紧结，在茶汤中显毫、秀美、匀整，色泽翠绿光润，外观鲜嫩。茶汤色嫩绿明亮，滋味鲜爽醇厚，叶底绿亮匀齐。茶叶内含有机质高，具有止渴生津、去暑消食、提神益思、怡情悦性之功效。

阳光明媚今又是，一壶泰顺“三杯香”茶暖心间。秋天的午后，阳光温润而淡定，天空高远，湛蓝澄清，清风习习，沏一壶泰顺“三杯香”茶置于茶台，陈香徐徐飘出，我仿佛步入了无尘的境界，在茶清雅的氤氲里，不再有外面的车水马龙，不再有如流的人潮。这一刻，纤指把盏，静享一壶茶的美好，纵享生活的闲散片段。

泰顺“三杯香”茶，舌尖上的诱惑。喝泰顺“三杯香”茶是缘，所谓“花自飘零水自流”，世间的万物也无非都是缘起缘灭的轮回。一盏茶，一本书，淡泊、宁静的心绪。几分清甜，几分甘苦，反反复

复，在一杯水的柔情里，静静念想。茶香氤氲，舞一袭荷花水袖，娉婷玉立，翩然而来，一抹淡雅，思念如此绵长。“只缘清香成清趣，全因浓酽有浓情。”只有当你心无杂念之时，你才能真正品出泰顺“三杯香”茶的韵味；而当你品出泰顺“三杯香”茶的韵味之时，也是你人生的美满。愿你的人生如泰顺“三杯香”茶的茶汤一样甘醇，如泰顺“三杯香”茶香一样幽美，让泰顺“三杯香”茶香浸润你的人生！

美哉，泰顺“三杯香”茶

文 / 张庆忠

“茶，近山多有，惟六都泗溪、三都南窍独佳。”

今天，泰顺“三杯香”茶像一团烈焰点亮我昏暗自负的味蕾。一杯又一杯，一壶又一壶，我举到唇边。缕缕醇香，化为惬意幸福，传递着深情。“三杯香”茶，此时，我们相见恨晚，一起放牧漂泊太久的灵魂。所有精美的修辞都已搁浅。

“三杯香”茶充满诗意，每一杯都蓄满美。茶叶在茶杯里舒展曼妙身姿，宛如诗意的酝酿。茶里的营养物质被浸泡出来，构筑佳茗的江山，温暖人间。“三杯香”茶产于浙江泰顺。茶园海拔在800米以上，四周群山环抱，云雾缥缈，溪流纵横交错，气候温和，日照时间较短，土壤多为黄壤、灰棕壤，含有细石英砾，质地疏松，有机质含量丰富。“三杯香”茶在茶史、茶文化里稳坐高台，以经典书写系列茶的故事，让幸福快乐在茶水中绽放。疲累的灵魂站了起来，诗意生活起步。

诗意顺着茶香慢慢升腾。仿佛隐者以长久的时光修炼自己，匠心制作，生态祥和，传承创新，造就了“三杯香”茶。“三杯香”茶是深藏在中国佳茗里的珍宝。“三杯香”茶被认定为名优产品，屡获大奖，是中国国家地理标志产品，对产地和制作都十分讲究。“三杯香”茶聚焦精品，在茶文化的福荫下，用茶的语言艺术与自然的心跳，抚慰人间。

在泰顺，一棵茶树会举起宏大的梦想。而漫山遍野的茶树，辉映着泰顺的新时代、新气象、新面貌。所有泰顺人，内心装满一棵茶树的梦与奔向小康生活的希望，走向明天。风儿把瘦弱的时光带走，把富美的日子留下。十多万亩的茶树在泰顺的美丽幸福中，尽情欢歌。在“三杯香”茶采摘时，你会发现每一枚“三杯香”茶都有飞翔的翅膀，带着泰顺人飞进乡村振兴高质量发展的辽阔里。

我不是品茶名家，可我明亮的双目里却闪动着“三杯香”茶那魔幻耀眼的光彩神韵。它虽不是珍稀茶叶，可我敏锐的舌尖上却聚集着泰顺山水的优美与灵气。我久久凝视着，多彩的底蕴呈现，我仿佛看到了泰顺山水永远秀丽的容颜。

茶之珍品“三杯香”茶，品质优秀，风味独特，以“香高味醇，经久耐泡”著称，用采自泰顺深山茶树上的幼嫩芽叶精制而成，其外形条索细紧，色泽翠绿，内质嫩香，香气馥郁持久，滋味浓醇，回味甘甜，茶水久泡犹留余香。

这些"三杯香"茶，有着泰顺的味道：刚从茶园采来，见证了泰顺的风雨，炒制中经历了一场宏大的淬炼。这些来自泰顺的味道，征服了无数人的味蕾。"三杯香"茶变成醇香，变成生活和未来。泰顺的美丽，泰顺人的生活，一个个脚印，在"三杯香"茶中，这些生态的光芒，反复拥抱泰顺，倾听自己内心深处最原始的喊声。一双双灵巧的手，剥开时光与喧嚣，泰顺蕴藏的美，在茶园里复活，长出幸福的生活。

"三杯香"茶，点亮了视觉、味觉与灵魂。像把佳茗的妊娠纹，在茶杯里蔓延开去。孕育之中，高调书写茶文化里的珍贵，就是与泰顺人，倒出灵韵与诗意。歌者洇湿了歌喉，在泰顺大地透彻肺腑，鸟鸣也跟过来，打开绿色的帷幕；诗者，更专注于佳茗的香醇；拈花的尘世，更不割舍"三杯香"茶的滋味，洗净蒙尘的魂灵。提笔宣读的江山，欢愉了喜悦的相逢，更是厚重的灵魂，写下茶文化，动魄之中，摄取幸福与快乐，与尘世再次相遇，必然用"三杯香"茶的纯、真、善、美，包裹自己。

"三杯香"茶的浓香，惊醒了辽阔大地。匠心让"三杯香"茶呈现出新意，呈现出一行行滚烫的诗句，每一个字都是经典。这来自大地的爱，被泰顺人写成了"三杯香"茶。无疑，泰顺人一直在坚持抒写自己。每个字词都经受了风霜雨雪，写出的每段历程都是"三杯香"茶融合了智慧和汗水的高质量发展的源头，荣耀着"美丽茶乡"之名。

这里是泰顺，长年人来人往，乡村振兴，产业兴旺，生态发展，却总是非常安静。除了花儿的呼吸、鸟儿的歌唱、草木轻摇，连风也不敢大声咳嗽。除了鸟雀、茶树，白云经过也是静静的。只有乌云经过会掉些眼泪。太阳每天都要无数次抚摸泰顺的花草树木，抚摸那些在茶园里生长的"三杯香"茶。我是溪流飞溅的一滴水，在泰顺找到了味蕾干涸已久的原因。

在泰顺茶园，春风、鸟鸣与山川演奏着令人震撼的交响乐。一株株茶树律动的绿色音符，联结成一条条柔美流动的曲线，在层层叠叠的五线谱上，以溪流为旋律，岩石为节拍，低沉回旋，奔腾跳跃，在大自然指挥下，演奏着优美动人的乐章。喝一口馥郁芳香的"三杯香"茶，含在嘴里细品，把奇妙的味蕾全部打开封存在记忆里，于是整个身体惬意地沐浴着春光，那郁积心中的块垒，渐渐在袅袅茶香中融化。

许多"三杯香"茶，每天从泰顺进进出出。一车车"三杯香"茶，把乡村振兴的辉煌浸泡出来，把美丽泰顺浸泡出来。茶园宁静，清风轻轻地拿起来又轻轻放下。远方，不只是远方，一个共同的愿望被时间、被泰顺人细细打磨后，成了一种指引。

此后，千万次梦里回转，思绪里是泰顺的美。鸟鸣带着思念的情绪，声声婉转里有泰顺不愿张扬的秉性。怎样才能如此坚定和果敢，一次次突破藩篱？仿佛一只蝴蝶喜欢花朵般爱着"三杯香"茶。"三

杯香”茶的美被春天打起，秋天的枝头必然是沉甸甸的。

在泰顺触摸时光，感受茶乡、茶人的新面貌，品味乡村振兴之美。在乡村变化里穿越时空，在乡村振兴里探秘，在各行各业、广大泰顺人中感受乡村振兴的付出，在美丽乡村建设成果里感知汗水和智慧。

去泰顺品“三杯香”茶，会感受到泰顺人的热情好客，体会到泰顺深厚的文化底蕴和蓬勃发展的旅游业，品出了泰顺的茶叶产业、茶文化和新时代茶农精神风貌。“未曾提酒茶端来，未曾吃饭茶在先；茶叶虽小分量重，人情全在碗当中。”“午后昏然人欲眠，清茶一口正香甜，茶余或可添诗兴，好向君前唱一篇。”来泰顺吧，品一杯“三杯香”茶，岂不快哉？

“三杯香”茶一直芳香着，把泰顺人高质量发展脚步间积攒的热度，化作抗争孤独寒夜的热血，在血液里点燃热情奔放的火炬，照亮未来。

“三杯香”茶我的最爱

文／李木兰

浙江省泰顺县是“三杯香”茶的产地。泰顺县境内山峦众多，山高林密，早晨、晚上，山顶上雪白的云雾缭绕，远远望见，纯净顺眼，空气天然清新，雨水适宜充足，气温暖和，这些自然的生态环境，最适合产“三杯香”茶。

我与“三杯香”茶有缘，仿佛也是命中注定。我是个地地道道的泰顺县人。平常没有什么别的爱好，唯一的爱好就是空闲时候，坐在舒适的街角茶楼里，听邓丽君唱的歌、喝茶配糕点，生活中的一切烦恼一扫而光。茶楼是我的好去处，喝茶就是苦中作乐、忙里偷闲、放松身心的良好习惯。

这天下午，闺蜜兰芳一个电话拨过来，邀约我到泰顺县城街角的大众茶楼喝下午茶，顺便带最近她代理的茶叶给我品尝。我愉快地赴约了，想不到兰芳比我还早到。我一坐定，她就打开一包精致的茶叶，放入茶壶，倒入开水冲泡起来。不一会儿，茶壶里的茶水淡绿淡绿的，清澈见底，淡淡的茶香味就扑鼻而来。

“什么茶这么芳香，茶水这么翠绿？”我脱口而出。兰芳说：“什么茶并不重要，适合自己喝的茶才是好茶，来，先慢慢品尝口感再告诉你是什么茶。”

我拿起茶杯品尝一口，然后慢慢吞入喉咙再品。嘻！只感觉舌尖不涩不苦，喉咙一阵醇厚的茶香味，润滑，喝起来口感好舒服。临别时，兰芳大方地送一包“三杯香”茶给我，并抛下一句：“你什么减肥药都试吃过了，花了不少冤枉钱，吃出了胃病，还是减肥失败，听说，‘三杯香’茶能减肥养胃哦！”

我记住了兰芳这句话，宁可信其有不可信其无。次日，我去量体重，70千克，连量体重的护士都好心嘱咐我：你才1.55米高，体重就70千克，超重了，要控制，不能再重了。我改掉了喝有糖红茶，喝有奶咖啡的习惯，改成了每天喝“三杯香”茶。

只喝了一个月的“三杯香”茶，我再次去量体重，嘻！效果出来了，体重减了5千克。一连半年，我都喝“三杯香”茶，胃病也好了，我高兴地打手机给兰芳报喜！

我还深切体会到，喝“三杯香”茶能起到润喉的作用。我患慢性咽喉炎好多年，平时讲话声音不清晰，有时候咽喉炎发作起来更要命，喉咙像有东西堵塞，声音哑哑的，十天半月说不出话来。我在浙江的各大医院都看过医生，吃药打针后，只好一时，过后又复发，烦恼极了。嘻！在喝“三杯香”茶过程中，我渐渐发现，我讲话的声音清晰了，唱歌声音也动听了，从不敢唱歌到现在每个周末敢和姐妹进包厢唱歌了。从此，我认定“三杯香”茶是茶中珍品，是我的最爱。

泰顺产茶历史悠久，明代就有“茶，近山多有，惟六都泗溪、三都南窍独佳”的记载，到清代，泰顺境内产的“黄汤茶”“白毫银针茶”，甜清可口，润喉滑肺，品质上乘，当时被引荐到皇宫当贡品，连皇帝喝了也称：“好茶，好茶。”从清朝起，泰顺产茶就名声在外，泰顺茶叶销售已遍布国内外。新中国成立后，在中国共产党的领导下，泰顺县广大茶农一锄一锄扩大产茶规模，开垦出一片片新茶园，深耕山地，积肥种植，铺草覆盖。茶农分批采摘茶树细嫩芽叶，借助先进技术，改革制茶工艺。精工细作而成的炒青绿茶，正式取名为“三杯香”茶。

1996年，“三杯香”茶迎来新的历史辉煌，泰顺县举办首届“浙江泰顺茶文化节”，提出“以茶为媒，兴茶富县”的宗旨，向消费者宣传“三杯香”茶；2010年，“三杯香”茶荣登中国上海世博会展览会，向国内外消费者展示它的魅力。“三杯香”茶在历届展览或者其他有关茶的评比中屡受好评。“三杯香”茶已经深入人心，享誉海内外，它的茶香，已经飘香五湖四海。

“三杯香”茶不用农药、不用除草剂，天上的雨水和地上的雾露给茶树提供养分，打造出天然生态好茶。“三杯香”价格不贵，平民百姓都喝得起。“三杯香”茶是我的最爱，我每时每刻不忘向身边的人宣传“三杯香”茶，做利己又利人的公益事，祝愿“三杯香”茶的明天更好！

情系“三杯香”

文／顿先海

喝茶是一大爱好，也是一种习惯。如同喜爱养鸟种花的人一样，一旦执着了，就成了生活中的常态。我喜茶，不可一日无茶，因为茶有她多彩的灵性和独特的功效，不仅能品其芳香美味，清新怡情，还能滋养身心。

那年阳春三月，农家小院几棵桃树鲜花盛开，姹紫嫣红。在这美好时节，一位文友从远方光临寒舍，知我爱茶，特意带来“三杯香”茶作为礼品相赠。我在感谢的同时，欣然接受，因为一款好茶彰显着馈赠的珍贵，凝聚着文友间的深情厚谊。

得了茗茶，如获至宝，趁午后时光，我请文友到书房茶桌旁落座，一起品茶论文，互通信息，交流感情。烧一壶纯净水，摆好两只玻璃杯，我先往杯内放入适量的“三杯香”茶，然后注入100摄氏度左右的开水。略停片刻，只见透明茶杯内茶叶舒展，芽头朝上，犹如婀娜多姿的仙女下凡，缓缓玉立于杯底，晶莹剔透，鲜嫩翠绿。观汤色，清澈明亮，光鲜夺目。我和文友各自一杯，打开杯盖，一股茶香扑鼻而来，细细品尝，鲜爽醇和、滋味浓厚、直通丹田、回味长久、齿颊生香。我一下子想起朱熹所吟诵的千古名句“饮罢醒心何处所，远山重叠翠成堆”来。

再品一口，浑身毛孔彻底打开，顿觉身心通透。“好茶，真乃好茶也！”沉浸在茶香中的我，禁不住夸赞起来。文友见我如此痴迷的神态，开心地笑了。我们边喝边聊，喝了头泡的香高，又喝二泡的香浓，再喝三泡清香犹存，真正感受到“三杯香”的独有特色和来历。杯空了，茶香依然在萦绕。

我在尽情享受“三杯香”茶带来的愉悦时，趁忙中偷闲撩开她的神秘面纱，精心阅读她的前世与今生。“三杯香”茶历史悠久，文化灿烂，盛产于著名的中国茶叶之乡——浙江泰顺县。这里近海多山，四季分明，气候温和，风景如画。境内重峦叠嶂、涧谷纵横、林木茂密、云雾缭绕。雨量充沛、空气清新，夏没酷暑、冬无严寒，素有“九山半水半分田”之称。大自然赋予的优越地理环境，适宜的土壤和气候，为茶叶生长提供了得天独厚的生长条件。灵山秀水无污染，绿色环保出茗茶，“三杯香”茶就是采用深山茶园中茶树的细嫩芽叶，精工细作而成。以“香高味醇，经久耐泡”而名扬天下。“三杯香”的清香带着大自然的气息，似果香，似花香，似草香，清心、醒脑、提神，先后获得近百项荣誉，并成功入选首批中欧地理标志保护名录。“三杯香”耀眼夺目，光彩照人，香飘世界。

在泰顺行走，我为“三杯香”停留。穿越崇山峻岭，看潺潺溪水，踏歌天然氧吧，听百鸟啼鸣。漫步绿色茶园，闻沁人茶香，放飞愉悦心情，赏茶乡仙境。满目皆是画。勤劳朴实的泰顺人，在这片充满生机的热土上，开拓进取，勇于拼搏，以丰厚的茶文化历史底蕴为基础，以创名牌为先导，以“三杯香，共富茶”为指导方针，多措并举、多轮驱动、一业为主、多种经营，走出一条茶乡旅游搭台，文化经贸唱戏，助力乡村振兴的发展之路。弘扬中华茶文化，传承老工艺，开拓新科技，泰顺精心打造高山生态“三杯香”茶。凭借茗茶，当地相继举办了“三杯香”开采节、“山海协作，邂逅百姓共富茶”——泰顺“三杯香”温州推介会等多项茶事活动。更令人可喜的是，8月3日，以“三杯香茶·共富茶·幸福茶”为主题的2022泰顺“三杯香”品牌高铁动车首发式，在高铁上海虹桥站举行。这将更加有力地宣传“三杯香”茶的文化魅力，对全面提升泰顺茶叶品牌知名度和影响力有着巨大的推动作用。

泰顺，让“三杯香”茶告诉世界。爱上“三杯香”茶，在品茶的时光里，茶的甘醇令人回味，茶的神韵令人陶醉。“三杯香”可消除疲劳，涤烦益思，振奋精神。与茗茶相伴，我平静了心境，温润了心灵，悠然前行，让生命的画页多彩，让人生的路程洒满阳光。

喝茶，喝“三杯香”茶。茶香中就有一份幸福伴随着，度过温馨的岁月！

“三杯香”，味醇东方

文 / 周占忠

烟雨蒙蒙中的泰顺，层叠成片的茶园是迷人的，漫步阳光缱绻的青山，静守时光，携影相随，聆听鸟儿的婉转，宛如远古飘来的错落有致的天籁；吮嗅，叶露馨香流转心境，一股清润的茶香弥漫空气中；静赏，群山环抱的“三杯香”茶树，翠色傲立于重峦叠嶂，茶树与茶树相依相伴，承载了馥郁香气的风景，渲染了甘醇滋味的润泽，鲜嫩了清泉叮咚的流年，平复了云雾缥缈的眼帘。

一垄疏松的质地，翠绿欲滴；满眼“三杯香”的茶树，神似仙女飞天；“三杯香”情窦初开，一芽二叶。一滴莹露色泽，一缕暖风油润，遮掩了纷扰的心事，染绿了一眼清香。

风和煦，晨朦胧，露晶莹，枝摇摆；情绵长，意高远，树相依，泰顺“三杯香”，与美人范儿相伴。

微风吹过，春之气息，弥漫四野，泰顺群山环绕。一座座茶山依次排开，婉转逶迤，葱茏青翠，弥散花香，飘逸茶韵，携带着群山环抱特有的温和，日照较短的湿润，簇拥行人，缓缓而过，轻轻流动，让人乐此不疲，流连忘返。

泰顺境内均属丘陵山区，地处华夏古陆的东南部。山势连绵起伏，层峦叠嶂，地势高差悬殊，沟壑纵横，有纵横交错的大小溪流百余条，九山半水半分田，名垂古今。土壤类型以红壤类、黄壤类为主，有机质含量、全氮磷钾与pH值，皆适宜“三杯香”茶树生长。

泰顺“三杯香”茶树景区境内，乃茶树生长胜地。生态，是她的灵魂；品牌，是她的名分；文化，是她标签；统一，是她的亮点。

泰顺“三杯香”茶树景区，依托泰顺茶叶协会，恪守品牌、标准、监管与宣传统一的泰顺文化标签，确保“三杯香”的芽叶肥壮、白毫显露、清汤绿叶与香高味醇。

泰顺“三杯香”茶树景区，出露地层为中生代的侏罗纪火山岩石和白垩纪火山沉积岩系。海拔高度150—1620米，最高山峰白云尖海拔1611.3米。山势，连绵起伏，层峦叠嶂；地势，高差悬殊，沟壑纵横。景区有纵横交错的大小溪流百余条，层层吐翠，纵横披绿。泰顺人懂得明德格物，山山种植茶树。泰顺人懂得养生健体，春茶居优，一芽二叶；夏茶居次，细紧苗直；秋茶居中，色泽油润。因为她独一无二，“三杯香”，成了绿茶家族中与泰顺人温暖相随的香高味醇的“三杯香”。

泡一杯“三杯香”，喝一回一芽二叶茶，品一次香高味醇；游一次泰顺“三杯香”茶树景区，采一天“三杯香”，赏一回清汤绿叶的“三杯香”。

天蓝云白，透彻而耀眼，群山竞秀，苍茫而无际。万峰争嵘，是泰顺人的绿色银行，取之不尽，用之不竭。“三杯香”，与景区的泰顺人相依为命。餐春风，饮朝露，泰顺人种一畦畦的茶树，近看，是一层层的梯田；低看，是栈道和栈道缝隙下的茶树，漫山遍野。

纵使花凋叶落，茶树的年华依旧卓尔不群；纵使岁月朦胧，“三杯香”茶树的体态，依然披绿叠翠。

坐看泰顺“三杯香”茶树景区，凝望与泰顺人朝夕相处的“三杯香”茶树，眺望泰顺重峦叠嶂的“三杯香”茶树，仰望蓝天白云，远山、淡云、翠茶树、碧水之影重重叠叠，纯净无尘的“三杯香”，在我心海油然而生。

泰顺人种茶、修田、摘茶与加工茶的故事，除了回忆，谁也不会留；泰顺人的生态养生，除了默默耕耘，谁也不会说；“三杯香”，东方“三杯香”，除了泰顺人，谁也不会比他们懂得更淋漓透彻。

人生宛若长河，那些不快的事总要过去，也只有在颠沛流离之后，才能重新印证时间在内心留下的痕迹。

泰顺人在倾听，种茶修梯田、摘茶、加工茶的天道酬勤；泰顺人在默想，青山绿水的生态价值；泰顺人在品味，生态养生的生活价值；泰顺人在神往，春采上等“三杯香”、夏采次等“三杯香”、秋采居中“三杯香”的诗意栖居的价值。

春风，吹绿了一垄垄石英细砾。夏去秋来，蔓延起伏的青峰翠峦，弥漫着“三杯香”的翠绿如茵。四季更替，生命的轮回，渴望心灵的相通，溯忆种茶、修梯田、摘茶叶、加工茶的鲜活故事，云水禅心，勤劳致富圆金梦，自力更生在流年时光的“三杯香”里弥漫香高味醇，风正帆悬在岁月时光的心海留下潮平岸阔的幸福。

泰顺人的记忆里山山有茶树，云雾缭绕；泰顺人的金梦，春茶居优，一芽二叶；夏茶居次，细紧苗直；秋茶居中，色泽油润。泰顺人的耕耘里，绿水青山，秋去春来。

深秋，花谢叶落，深深浅浅，斑斑驳驳，宛若人的记忆，浅浅深深，点点滴滴。想忘，忘不了；想舍弃，又舍不得。爱你没商量。生活品质高的城市居民，看中了泰顺“三杯香”的香高味醇；崇尚生态养生的泰顺人，看中了“三杯香”的经济效益。“三杯香”，自然而然成了生活在大城市的人的风向标。

成功注册中国地理标志证明商标的泰顺“三杯香”，光彩四溢，凭借“茶过三巡，仍有余香”的醇厚，进驻上海世博会，获农业农村部地理标志保护产品，成为中国的驰名商标。

泰顺“三杯香”，呈现出香溢九州的景象。茶农们背着背篼，身着采茶服，头戴斗笠，在高山之巅，两手在茶枝间来回穿梭，民歌在峰峦上峡谷里回响。一枚枚叶片，露出鲜嫩翠绿的身躯。清晨，茶农们趁着晨光朝霞，穿行于高山茶海里。一边采茶，一边唱歌，歌声飞扬，茶树相和，与大地母亲水乳交融地同声歌唱，谱写人与自然的和谐之音。

采茶是辛苦的，茶农生活却是幸福的；身躯是酸痛而疲惫的，共享采茶却是快乐的；攀越高山梯田是艰难的，共享采茶却是甜美的。

采茶的场景，呈现出一派繁忙的景象；采得的茶叶，满是鲜嫩的叶瓣；茶农们黝黑的脸上，洋溢着如春的温馨。

泰顺“三杯香”，生长于群山环抱的黄壤、灰棕壤里，云水间，茶树相依相伴。云是水的情，水是云的梦，泰顺“三杯香”便承载了云水间鲜美的风景，泰顺“三杯香”，嫩叶醇香天下！

对茶漫话“三杯香”

文 / 吴宇东

我们平常谈论自己家乡或家乡土特产时，往往容易自娱自乐，多有溢美之词。但提起泰顺绿茶，因其优秀品质的广为人知，自然无须予以吹嘘，夸“她”得山水之清气与日月之精华，那也是实不为过。“她”曾是皇家贡茶，也曾是北京人民大会堂的指定用茶，是计划经济年代外销茶的主产品。也未知何时起，本地人于外出酬酢中，能自豪拿得出手的，似乎只有这茶，而别人能中意高看一眼的，也似乎只有这茶。曩时，有那么一位老乡，提了一大袋子“七干八干”（各种菜干）往温州送朋友，朋友心直口快，说这么大袋多难提啊，你不如捎一小包你那里的茶叶即可！这当然是说笑而已，与其让你因尴尬而自嘲，毋宁让你知道，外地人对你家乡茶的珍爱。

泰顺茶虽好，但在悠长的时光中，几乎没有自己叫得响的品牌字号，迨至20世纪下半叶，应市场放开之需，才不断涌现各种称呼，如“三杯香”“高山云雾”“承天雪龙”“仙瑶隐雾”“高绿”“日月井”……一时群英四起，大浪淘沙，而其中较早推出又稳立潮头者，当属“三杯香”，它无愧为泰顺绿茶的标志性品牌。

至于这“三杯香”名称的由来，据潘博文先生回忆，1979年前后，依循本县茶叶产供销市场化的要求，泰顺县农林办和茶叶特产局等单位有关人员，聚会于我父亲家中，共同商讨如何为泰顺茶冠一专有名称。当时拟名甚多，一番热议争执后，一致认可潘博文所取之名，即“三杯香”。我就此事询问过家父，家父说有那么回事，可具体记不太清楚，认为老潘所说应该无误。潘先生还对我说过，“三杯香”正式启用后，有人还嫌之“土俗”，他颇为不服，坚称该名通俗易懂、响亮易记，最能诠释泰顺绿茶“色正味醇，经久耐泡，三杯犹存余香”的品质特性。

顺便一说，现已89岁高龄的潘博文先生，一向钟爱传统文化，擅诗词书法，退休后还热衷于易学取名。2007年，他因历时21年才购齐整套《汉语大词典》共计13册书的故事，被新华社、浙江在线等国内诸多媒体报道转载，一时传为美谈。

1996浙江泰顺茶文化节，是县域历史上，迄今唯一由县政府竭力举办的大型综合性主题文化活动，其隆重盛况恐难再现。际来兄是这次活动的具体筹办人、总负责人，节前我随他上省城杭州，就活动方案所涉专业问题请教有关专家。有两位茶学大家对泰顺茶品牌创建的关心与厚望，至今难忘。中国农科院茶叶研究所的陈宗懋研究员认为：泰顺茶叶品质从来不错，只是名气不大，像“三杯香”这样的名称今后应着力宣传好，使普通大众都能知晓。浙江大学茶学系童启庆教授快人快语，她说泰顺茶的品牌很多，而外界知道的很少，我也只记住“三杯香”，其实一个地方有一个好牌子就行，关键要充实文化内涵、做好文化包装。我们闻知她是茶界泰斗庄晚芳先生的高足，想通过她请庄老为“茶文化节”题个词，以增节日光彩。她一脸严肃，说庄老年事已高，哪能说题就题，以后若有机会，看能否请他题个“三杯香”名。我们连声道谢，自是高兴。遗憾的是，就在“茶文化节”闭幕后11天，庄老与世长辞，那题写茶名的企望也便随风而去。

出于打造更具影响力茶品牌的考虑，也是尊重茶界专家的建议，1996泰顺茶文化节明确了“宁精勿滥”的理念，决定节间各正式活动场所用茶，一律冠称为“三杯香”。倘若说“茶文化节”是个舞台，那么“三杯香”无疑是这舞台上的主角明星，它耀眼登场，一时名声大振，为日后获取各种荣誉、受国家地理标志保护打下了坚实基础。

往事过如尘烟，忆之隐约。忽又想起多年前，我曾为雪龙茶业拟过一联，虽字句未工，却仍合乎时下心情，故随录于兹。

一顾青山满眼绿，独钟泰顺“三杯香”。

爷爷的“三杯香”

文 / 王加月

“三杯香”茶叶是泰顺县的特产，它在岁月的沉淀中成为传奇，色泽翠绿、香高味醇、口感独特。泰顺县境内重峦叠嶂，涧谷纵横，山高林密，云雾弥漫，雨量充沛，空气清新，拥有产茶的优越自然条件。“三杯香”沉浸美好、振兴乡村、传递情怀，从而渐渐融入我们的生活。

记得在泰顺工作的那几年，我从没忘记过带点“三杯香”茶叶回家，与爷爷分享这款滋润心田的好茶，每当茶香在鼻尖萦绕，浸透心扉的那一刻，爷爷总是乐呵呵地说：“明年多带点‘三杯香’回来，好茶啊！”因为爷爷喜欢，“三杯香”自然而然地成了我们家的过年必备品，每次回家过年，背包里满满的都是“三杯香”，伴随我奔赴在回家的征途中，有“三杯香”在身边我心里感到踏实了许多，因为它是爷爷的最爱，更是爷爷年复一年的期盼。

当我把泰顺“三杯香”放在爷爷面前时，他开心地笑了，浑浊的双眼里流露着兴奋，然后迫不及待地泡了一杯，清澈明亮的汤色，嫩绿鲜活的叶底，果然是传说中的好茶。空气里立刻弥漫着天然、高雅、别致的香气，美妙至极。“三杯香”既是茶品又是工艺品，我真不忍心打破这滋养心境的静谧。

爷爷小心翼翼地抿一口“三杯香”，再猛地大喝一口，两次动作配合得如此默契、格外精妙，真不愧是多年的资深饮茶者，飘浮在空气里的“三杯香”茶香仍旧在四处旋绕，叫人欲罢不能，我也有一种蠢蠢欲动的感觉，想感受一下“三杯香”的独特魅力。爷爷似乎在品尝，又好像在回味，然后拍案叫绝：“果然是名不虚传的好茶啊，茶香倾心、汤汁润喉，饮后余味无穷，过年就应该喝‘三杯香’，要的就是这种感觉，过年才有滋有味嘛！”我不停地点头表示赞同，能让爷爷如此开心，我也心满意足了。

爷爷额头上岁月镌刻的层层叠叠的皱纹也随着“三杯香”的神秘香气瞬间舒展开来，好像也要吸上一口似的，真没想到泰顺“三杯香”竟然会有如此强大的吸引力，让我的爷爷如痴如醉、心驰神往。爷爷还在静静地享受着、回味着“三杯香”，我不忍心无端地去打扰他，更不想让如此美好、动人的画面有所残缺，而留下不必要的遗憾。就在我打算悄悄地暂时离开时，爷爷却一下子回过神来，拦住了我：“先别急着走啊，给你的大爷爷送一盒‘三杯香’去，让他也尝一尝馥郁持久、滋味鲜爽的茶叶，让他明白什么叫好茶叶。”我知道爷爷口中所说的大爷爷便是他的亲哥哥，但是我却不乐意了，这么好的茶叶我不想送人，再说了，“三杯香”是我买给爷爷喝的，无人可以替代，爷爷不是对“三杯香”喜爱有加吗？怎么舍得送人呢？

我百思不得其解，爷爷怎会如此大方？很快，爷爷似乎看出了我的心思，深情地抿一口茶水，然后打趣地说：“这事是不是有点想不通啊？”我点点头，疑惑不解地看着爷爷。爷爷拉过我语重心长地说：“你知道吗？有好东西要懂得与别人一起分享，其实分享也是一种快乐，过年就应该快乐啊！”我还是不赞成爷爷的在我看来很“冲动”的做法，还真舍不得把“三杯香”送出去。

见我还没有立即行动，爷爷又教导我说：“你都是个小大人了，其中的道理应该明白啊，况且大爷爷也是你的爷爷，你一年半载才偶尔回家一趟，他喝你一盒茶叶难道不应该吗？”想想爷爷的话也颇有

道理，孝敬长辈是中华民族的传统美德，我们要传承下去并发扬光大。“三杯香”是自然的恩赐，是泰顺人民辛劳和智慧的结晶。我一下子茅塞顿开，原来“舍”与“得”就在一念之中，我赶紧拿着一盒“三杯香”向大爷爷家奔去，身后的爷爷笑了，笑声洪亮悠长……

当我把“三杯香”给大爷爷奉上时，他一个劲地夸赞我，说我在外一年不仅挣到钱了，还懂得了人情事理，听得我心里美滋滋的，又不忘感谢我的爷爷、感谢泰顺“三杯香”，他们具有不一样的魅力，前者是人格魅力，后者是品牌魅力。一回到家，我兴奋不已地给爷爷汇报情况，爷爷一边倾听一边不停地喝茶点头，并嘱咐我下次多买几盒“三杯香”回来。

门突然轻轻地开了，是大爷爷的孙子，我的堂哥给我爷爷送年糕来了。

我知道，堂哥在仿效我的做法。爷爷不失时机地教导我：“这就叫礼尚往来，也是分享我们的快乐，以后啊，送茶叶的习惯千万不能间断，而且一定是‘三杯香’，你看看这年味和亲情是不是和‘三杯香’的香气一样更浓郁了？”是啊，屋子里飘浮着“三杯香”特有的香气，散发着特殊的年味，叫人感慨万千、念念不忘。

来自中国茶叶之乡、中国名茶之乡的泰顺“三杯香”，具有观之色泽翠绿、闻之心旷神怡、饮之喉甘气爽的品质特征，是馈赠亲朋好友、表达心意的理想选择，“三杯香”流淌的是岁月情怀，饱含的是人与人之间的关怀与寄托，所以后来的几年里，我一直坚持给两位爷爷送“三杯香”，直到噩耗传来的那天。

爷爷突然病危！如同晴天霹雳，当我风尘仆仆地赶到家时，爷爷已经快不行了。见到我，他忽然眼前一亮，似乎有话要说，但是力不从心。我哭着把耳朵贴近爷爷嘴边，我想听听他最后想说的话，我听到了“三杯香”的字眼，虽然声音很低，但我能听清楚，那是爷爷对“三杯香”的呼唤，我连忙泡了一杯“三杯香”，萦绕的香气令人陶醉，蕴藏着自然的气息。我把茶杯小心地放在爷爷的嘴角边，可是……我失声痛哭，爷爷离开了我们，在茶香中驾鹤西去，似乎没有任何遗憾。

在生命的最后时刻，爷爷还想喝一口他所钟爱的“三杯香”，其实，我心里也非常明白他真正的用意，我坚信，爷爷还要说一个“送”字。虽然他没来得及说就匆匆离我们而去，但我没有辜负他的期望，多年来，我一直保持赠送泰顺“三杯香”的习惯，不仅是给大爷爷，还会给其他的长辈、老人，这样不仅完成了爷爷的遗愿，更把“三杯香”作为载体拉近关系、浓缩亲情，让每个人都懂得分享的快乐，懂得馈赠的喜悦，这与泰顺“三杯香”的品牌精神和文化内涵如出一辙，茶品如金，人品也应如此。

如今，泰顺“三杯香”已是中国国家地理标志产品，成了泰顺对外宣传和推介的新名片，同时也振兴了泰顺的特色农产发展，带动了泰顺茶农的创收和致富，真是天大的好事啊！

最忆是茶歌

文 / 刘晓华

“溪水清清溪水长，溪水两岸好呀么好风光……”那谙熟于心的歌声再次在耳边响起，是在今年仲春采茶季的东溪之行。

我第一次学唱这首妇孺皆知的《采茶舞曲》，是在乡下老家读小学之时，八九岁。当时压根就不知道，这歌是一位名叫周大风的著名音乐家在泰顺一个叫东溪的土楼里创作的。

汽车从老58省道至东溪大桥畔，溯溪而上，便见群山怀抱，溪面宽敞，溪水清澈，一条长长的碇步蜿蜒着伸向对岸，眼前所见即“茶歌小镇”东溪。虽说此“东溪”非重庆的“东溪古镇”，却也是典型的江南水乡小山村。

东溪乡乡长叶晓东原是我的老同事，一说起茶叶，显得兴致盎然，侃侃而谈。“东溪乡是泰顺的传统产茶区，有茶园4000多亩。”叶乡长边说边从书架上取出一本茶志来，“传统名茶温州黄汤，品质以泰顺东溪和平阳北港的最好，这是《中国名茶志》记载的，杠杠的！”作为土生土长的泰顺人，说起泰顺茶，我闭着眼睛也能报出个子丑寅卯来，但温州黄汤出东溪，却是第一次听闻。

我出生在茶乡，记得读初中时恰遇“农业学大寨”，随着公社社员上山开垦新茶园。后来，我也渐渐记住了一些茶名，譬如“承天雪龙”“泰顺龙井”“香菇寮白毫”，但最谙熟的莫过于“三杯香”。我有位老同学因经营“三杯香”而成赫赫有名的“茶王”，而我是老同学茶店的常客，每年开春总是捎上几斤“三杯香”走亲访友。但让我对“三杯香”自有一番全新认识的，是在老同学茶店里看到了一首别具意蕴的茶诗：“一品‘三杯香’，清香润五脏；二品‘三杯香’，荡气又回肠；三品‘三杯香’，精神格外爽。天下佳茗知多少，难得泰顺‘三杯香’！”写这茶诗的是一位名叫周大风的老者，一位著名的音乐家。

不料，在这采茶季，我在东溪遇见了周大风《采茶舞曲》纪念馆。走进新建的纪念馆，我意外地看到一本手抄《采茶舞曲》歌谱的笔记本。这是《采茶舞曲》的首唱者、东溪的刘珠秀老人保存的试唱原作稿抄件。那泛黄的纸张，分明在告知这本子时间的久长。尘封的抄件，引出了一段历久弥新的茶歌故事。

1958年暮春时节，正是采茶季。时任浙江越剧二团艺术室主任的周大风来到东溪乡采风、体验生活。一踏上茶乡，云雾缥缈的山峦，泉水叮咚的溪流，欢声笑语的采茶姑娘，把周老深深吸引住了。眼前之情景，让周老想起周总理希望创作一首茶歌的期待。是不是可以通过越剧的形式来反映茶乡人民的生活？触景生情的他顿生灵感。因感而作、由情而发，那个不眠之夜，在土楼那间陋房里，时不时传出几声越剧调的哼唱声，《采茶舞曲》一气呵成……后经周总理亲自修改歌词，茶歌终于传唱大江南北，享誉世界。

笔记本上，我看到刘珠秀老人写下这样一段话：

当时周大风先生知道我们东溪茶叶品质好、味道好，我们东溪茶农又特别刻苦勤劳，他满腔热情地创作了歌颂茶叶和茶农的《采茶舞曲》。这首舞曲好听又好唱，我很喜欢，就把它抄写在笔记本里，永远保留着，想要传播给子孙后代。所以，几十年来，我像爱惜珠宝一样，一直保存到现在。

时节不居，岁月如流。转眼到了2004年4月，又一个春茶飘香的日子，已是年逾八旬、满头银发的周老，应邀重访离别46年的东溪。当从当年的小学生刘珠秀手里接过《采茶舞曲》原稿抄件时，老人热泪盈眶，感动不已，在抄件上写道："原唱长期保留原作稿，谢谢，作为纪念。"

"溪水清清溪水长，溪水两岸好呀么好风光……插秧插得喜洋洋，采茶采得心花放……"土楼前，茶园上，周老与当年的东溪乡小学《采茶舞曲》原唱的老人们，与身穿五彩校服的小学生们，一遍遍重唱那激荡茶乡数十年的茶歌。

"一品'三杯香'，清香润五脏；二品'三杯香'，荡气又回肠；三品'三杯香'，精神格外爽。天下佳茗知多少，难得泰顺'三杯香'！"

"故地重游辨依稀，一别已是四六年。茶歌在此初作成，难得首唱又见面。"

重访茶乡的三天时间，精神矍铄的周老即兴题词八幅。

"这可能是我最后一次来泰顺了。"不知是出于激动，还是年高之故，周老喟然长叹。

不久，泰顺拟把《采茶舞曲》定为"泰顺县歌"，征求周老意见，并表示以10万元作酬。周老欣然应允，当即表态"不计酬，分文不收"。

2015年10月11日，93岁的周老带着对茶乡茶歌的不舍，驾鹤西去……

东溪土楼坐落在长东路83弄3号，一幢三层木结构土楼，占地面积仅百余平方米。伫立良久，我一时无法把它与周大风《采茶舞曲》创作旧址、第七批全国重点文物保护单位东溪土楼联系起来。

斯人已逝，土楼依旧。

滨水音乐公园、周大风《采茶舞曲》纪念馆及演艺厅、泰顺茶文化客厅，画有音乐五线谱图案的建筑外立面、设计成音符形状的路灯、手拿乐器的人物雕塑、刻在石板上的《采茶舞曲》乐谱、肩背茶篓唱着茶歌的采茶姑娘铜像……漫步东溪的大街小弄，满街凝固着音乐的轻快旋律。

一场茶歌音乐盛会，唱响"茶旅融合"乐章。2020年金秋时节，浙江省茶歌大会暨《采茶舞曲》中国民族音乐经典作品音乐会在东溪举行。一场场演唱会、研讨会接踵而至。浙江省音乐学院泰顺创作采风基地等"四大基地"落户东溪。那天，我有幸徜徉在"音乐东溪"，听茶俗、唱茶歌、品茗香、观茶艺，忘情地沉浸在悠悠茶香之中。

2016年G20杭州峰会，一曲《采茶舞曲》在西湖上空回荡，向全世界展示了茶乡风采。前不久，《采茶舞曲》在互联网平台再度"翻红"。该歌曲被改编成摇滚、民谣、说唱等多种形式，由网民翻唱后成网红。“没想到从我们这个小旮旯唱出去的茶歌，能被唱出这么多花样。”东溪人感叹道。

“今天的东溪，确立了‘茶歌小镇·音乐东溪’的发展定位，积极挖掘《采茶舞曲》文创产业，持续擦亮‘茶歌’金名片，谱写‘以茶会友，以歌传情，以旅富民’的共同致富乐章。”叶晓东喜不自禁地说，当年，周总理把“插秧插到大天光，采茶采到月儿上”两句歌词改为“插秧插得喜洋洋，采茶采得心花放”，不正是寓意东溪人的日子会越来越好吗？

茶歌小镇，因音乐而活，因茶歌而热。

说及《采茶舞曲》，不能不提一个人——两年前我认识的退役军人林美龙。因为从小爱唱《采茶舞曲》，家庭音响、车载音乐、手机铃声都是《采茶舞曲》。后来，还赴杭拜访93岁高龄、重病缠身的周老。老人家用了一个多小时的时间，颤巍巍地为林美龙写下“中国泰顺采茶舞曲纪念馆”“泰顺采茶舞曲之乡”两幅字相赠。半年后周老仙逝，林美龙也在老家建起一个“状元·采茶舞曲”文化园，以纪念一代音乐大师。我曾经先后三次寻访此文化园。

“溪水清清溪水长，溪水两岸好呀么好风光……”舞袖岚侵涧，歌声谷答回。当我离开这个《采茶舞曲》诞生地时，街头喇叭还在播放着这明快而悠扬的茶歌。

茶能醉人，谁说茶歌不醉人？

茶乡行，最忆是茶歌……

香茶一路助我行

文 / 胡向东

饮茶是我的人生喜好之一。小时候，奶奶上茶园采茶，我也跟着去茶园玩耍，捉蟋蟀，逮蜻蜓……开心极了。稍长，奶奶也给我一个小箩筐，让我也学大人的样子将茶树上那嫩绿的叶片摘下放入箩筐，忙活了半天，虽没多少斤两，但是从此知道了采茶。也就从那时开始，我有了爱喝茶水的喜好。不过那时，喝茶只是为了解渴。而且，清明前后采摘的嫩茶都是送加工厂统一炒制，由国家评价收购。我们自家喝的一般是谷雨后的茶。奶奶就用自己家的大锅炒制完成，装在一个大陶坛里，每天抓一把放陶制的大茶壶内，烧一壶山泉倒入，口渴了就用碗或杯子倒出来喝，那时候并不懂品茶什么的。

记得在读小学的时候，有位音乐老师教我们唱一首叫《采茶舞曲》的歌，那旋律很美妙，歌词也非常优美："溪水清清溪水长，溪水两岸好呀么好风光，哥哥呀你上畈下畈勤插秧，妹妹呀东山、西山采茶忙……"在我幼小的心灵里留下了不可磨灭的印象。但是，那时，我们并不知道这首歌的来历，直到2005年被确定为泰顺县县歌，我才弄清它的渊源。

那是1958年春天，浙江越剧二团周大风先生率队到东溪乡巡回演出，该地盛产茶叶，在演出之余，周先生与当地村民一道上山采茶。云雾缥缈的山峦、泉水叮咚的溪流以及欢声笑语的采茶人，一派独特迷人的江南风光，激发了周先生的灵感。他想起几年前，周总理曾说杭州山好、水好、茶好、风景好，就是缺少一支脍炙人口的歌曲来赞美。周先生就想：这里山清水秀，民风淳朴，是否能通过戏曲的形式来反映？于是，他花了一个通宵，一气呵成写出了《采茶舞曲》。第二天，他找东溪小学的学生演唱，师生们反响非常好。此后，周恩来总理在北京观看了《雨前曲·采茶舞曲》，周总理表扬说，《采茶舞曲》曲调有时代气氛，江南地方风味也浓，很清新活泼，但"插秧插到大天亮，采茶采到月儿上"两句歌词不妥，要改。插秧不能插到大天亮，这样人家第二天怎么干活啊？采茶也不能采到月儿上，露水茶是不香的。此后，周大风一直思考如何修改好歌词。几年后周总理到浙江视察碰到周大风，一见面就问词改好没有。周大风照实说："歌词改不出来。"总理沉吟了

一下，建议他要写心情，不要写现象。并提出“插秧插得喜洋洋，采茶采得心花放”给周大风参考。经过周总理的妙笔修改，《采茶舞曲》唱得愈发顺口，风靡全国。《采茶舞曲》1987年在联合国教科文组织第十二届亚太地区音乐教材专家会议上入选亚太地区音乐教材，2005年8月，泰顺县政府与周大风教授协议后，县人大审议通过,《采茶舞曲》被确定为县歌。

养成喝茶的习惯，那是我走向社会参加工作以后的事。中国有十大名茶，其中西湖龙井、安溪铁观音、云南普洱、武夷山的大红袍等名茶我都喝过。因为我的女儿成立的公司，兼营茶叶销售业务，我自然属于“近水楼台”了。也就是从那时以后，我看了《茶道》等书，才知道饮茶还有那么多的讲究。

但我为什么最钟情泰顺产的“三杯香”茶呢？谁不说俺的家乡好？“三杯香”茶是泰顺的品牌特产，近年已“香飘万里，享誉中外”。县境内重峦叠嶂，涧谷纵横，山高林密，云雾弥漫，雨量充沛，空气清新，特别是直射光少，散射光多，散射光中红、橙光能促进碳水化合物合成，蓝、紫光有利于蛋白质合成等，造就了产茶的得天独厚的自然优势。故泰顺茶叶芽叶肥壮，芳香物质、氨基酸和多酚类物质含量高。茶叶专家称“泰顺茶特优的内质是有其天赋性的”。“三杯香”茶就是采用泰顺深山茶园中的茶树细嫩芽叶，精工细作而成，以“香高味醇，经久耐泡”著称，色泽油润、清香持久，三杯犹存余香。其外形条索细紧，毫锋显露，大小匀齐，色泽翠绿；内质嫩香，栗香馥郁持久，滋味鲜爽丰厚，汤色明亮，叶底嫩绿鲜活。如此价廉物美绿茶产品，泰顺年产量在5000担以上，我当然竭力推荐女儿的公司销售，几年下来已获得不菲的业绩，公司赚到了钱，也为家乡的发展做出了贡献。多年来，我与家乡的绿茶结下了不解之缘，无论读书、看报还是写作，案头一杯“三杯香”茶是少不了的。

转眼间，我已退休十多年了。回首走过的坎坷道路，茶曾给我诸多的智慧和启迪。每当遇到波折的时候，我就想到茶树的栽培中每当生长到旺盛时期，就需要进行深修剪，对树冠面的枝条进行调整，控制树高，刺激发芽，调整枝条密集程度。修剪是为了维持茶树的旺盛生长，长期保持树冠的良好群体结构，方便操作管理，使茶树延长高产年限。我们在人生路上遇到波折，其实也和茶树一样，在面临冬天的肃杀时，须要剪去些枝丫以砥砺前行。只有保持春天的心情等待发芽的人，才能勇敢过冬，才能在流血之后，还能满树繁叶，欣欣向荣。绝处往往逢生，否极才能泰来，强者的强，首先体现在内心强大。一个人的内心若能始终秉持春的信仰，那么逆境和波折也不过是其雄起的路上的小小试金石。

我对于茶的喜爱，曾经因为茶园是我的一个“心灵栖息地”，更是因为我钟爱它的宁静致远，一盏茶、一段时光，就是一瞬自在人生。每一片茶叶都在沸腾的水中慢慢展开身姿，随着时光荏苒，释放出沁人心脾的茶香，犹如人生历经磨砺才能散发出生命的光彩。每有朋友来访，我奉上一杯“三杯香”以表心意，和朋友一起品茶，其乐融融。茶带来的不只是味蕾上的享受，更是一种精神世界的升华。品茶有讲究，一杯茶分三口，第一口试茶温，第二口品茶香，第三口才是饮茶。呷茶入口，茶汤在口中回旋，顿觉口鼻生香，一切尽在不言中。

人生如茶，空杯以对，才有喝不完的好茶，才有装不完的欢喜和感动。人生就像一杯茶，平淡是它的本色，苦涩是它的历程，清香是它的馈赠。品茶的滋味，大抵在其或苦或甜、或浓或淡的色味交织之中，品出一种淡定的人生，一种释怀的人生，一种笑看风轻云淡的人生。茶中有大道，悟茶通人生。细细品茶，神清气爽，返璞归真，超凡脱俗，渐入佳境。手执一杯香茗，品味着四季的韵味，品出人生的精彩，一杯清茶，吾之所愿！

每和挚友聊天品茶，“香茶一杯解乏力，吉语三句暖人心”。在茫茫人海之中，每个人都宛如一片茶叶，或早或晚要融入这变化纷纭的大千世界。在融合的过程中，每个人都要贡献出自己的一生。我追忆自己跌宕起伏的人生历程，曾两次登上天安门国庆的观礼台，三次面见了伟大领袖毛主席，三尺讲台、一支粉笔奉献了自己的青春年华……十多年前，我在教师这个岗位上退休，法院遴选我为人民陪审员，其间被授予市十佳人民陪审员的光荣称号，广大离退休教师又选我任县退教协会副会长兼秘书长。如今年过七旬我仍老骥伏枥，壮心不已，这一路走来，真少不了茶的助力。

老话常说：人生如茶，沉时坦然，浮时淡然。喝茶，练的是心境，品的是人生，学的是做人。头道水，二道茶，三道、四道是精华。泡茶就像一生的种种历练，正是一个人心性沉淀的过程。茶不过两种姿态，浮、沉；饮茶人不过两种姿势，拿起、放下。人生如茶，拿得起也需要放得下。人生，因缘而聚，因情而暖，因不珍惜而散。品茶就像品人生，浮沉时才能品味出茶叶清香，举放间方能凸显出茶人风姿。人生如茶，有沉有浮。沉中有浮，浮中有沉，一浮一沉间说的是一种人生的领悟，讲的是一种生活的态度。浮时要有一个坦然的心境告诫自己前车之鉴，沉时要有一个淡然的心怀正视自己从容不迫。把握浮沉之间的尺度，人生终将如一杯香茗报以香飘四溢！

一品“三杯香”，一生醉心香

文／路琳

一

生活中，我是个对茶和酒都爱的人，要是你问我对这茶和酒，哪一个爱得更多一些，我一定会告诉你，答案当然就是茶了。

茶可以清心，可以让人雅致，可以怡情。尤其是当自己遇到这泰顺“三杯香”茶之后，就更是对这“三杯香”茶，是情有独钟了。在自己的书桌之上，泡上一壶“三杯香”茶，于是，那丝丝缕缕的茶香，带着甘甜淡雅与静谧的氛围，就会在屋子里漫溢，不管是一个人品茗，还是三五好友小聚，一杯杯“三杯香”茶总是少不了的主角儿。

一次邂逅，就是一生一世的牵挂，这“三杯香”茶，靠着自己独特的韵味儿，用自己不可复制的经典品质，傲立于世，成为中国茶中的珍品。

泰顺的独特的地理环境和生态风景，成就了这“三杯香”茶的康养内涵与舌尖上的美味儿。在泰顺，“三杯香”茶绝对不仅仅是一种饮品，更是一种厚重的地域文化和当地最负盛名的土特产。翻阅泰顺厚重的地方史志，你会发现，关于这“三杯香”茶的记载是洋洋洒洒。“三杯香”茶用自己醇厚的香味儿和悦目的汤色，以及康养的功效，多少年来都一直受到世人的喜爱。不管是达官显贵，还是黎民百姓，畅饮或品味这“三杯香”茶，也是一种多年来养成的生活习惯。

岁月的脚步匆匆走过，在这泰顺大地上，留下了许许多多关于这“三杯香”茶的故事与传说。靠着得天独厚的生长条件，“三杯香”茶吸收泰顺的天地灵气，汲取这泰顺的日月精华，从而成就自己卓尔不凡的品质特征。这里原生态的风景和富含微量元素的土壤，就是对“三杯香”茶的恩宠，当然更是对泰顺的恩宠，良好的生态以及良好的空气质量，充沛的日照与雨水，都使得这“三杯香”茶的经典品质有了自己的源头与出处，相比于同类的茶叶，这“三杯香”茶更胜一筹。

其实，金杯、银杯都不如老百姓的口

碑，这些年来，靠着过硬的品质，“三杯香”茶占有着巨大的市场份额，更是老百姓购买茶叶的首选之品，而勤劳智慧的泰顺人，更是靠着“三杯香”茶产业，不断创新与丰富“三杯香”的茶文化，丰富着“三杯香”的茶产品。看似无情的草木，这一枚枚的“三杯香”茶叶啊，在这泰顺大地上也做着最有情有义地抒情，宛如一双双别样的翅膀，助力着泰顺的梦想腾飞！

“三杯香”茶用自己一流的品质，树立起自己的品牌，也俘获一颗颗爱它的人心。我总是喜欢独自品茗，是啊，总是会觉得这茶水里，有着一截截厚重的历史，有着一种人生的真谛，有着一种特殊的人生滋味儿，更有着一些只可意会不可言传的美好……让人痴迷，让人沉醉，让人欲罢不能！

恋上泰顺“三杯香”茶，从此宦海沉浮、商海驰骋、好友相聚、亲朋团圆，人生的辉煌与潇洒以及自己对生活的感受与感悟，尽在一杯“三杯香”茶水里，尽在一缕“三杯香”茶香里！

二

走进泰顺大地，你会发现这“三杯香”茶之美。绿水青山的生态画卷，鸟语花香的诗意时光，一起孕育着这“三杯香”茶的大美。独特的地理位置和大美的生态环境，集体打造出这“三杯香”茶的与众不同。置身于此情此景之中，别说是一颗颗世俗的心灵了，就算是那不羁的清风和高傲的白云，也心甘情愿地在这泰顺的诗情

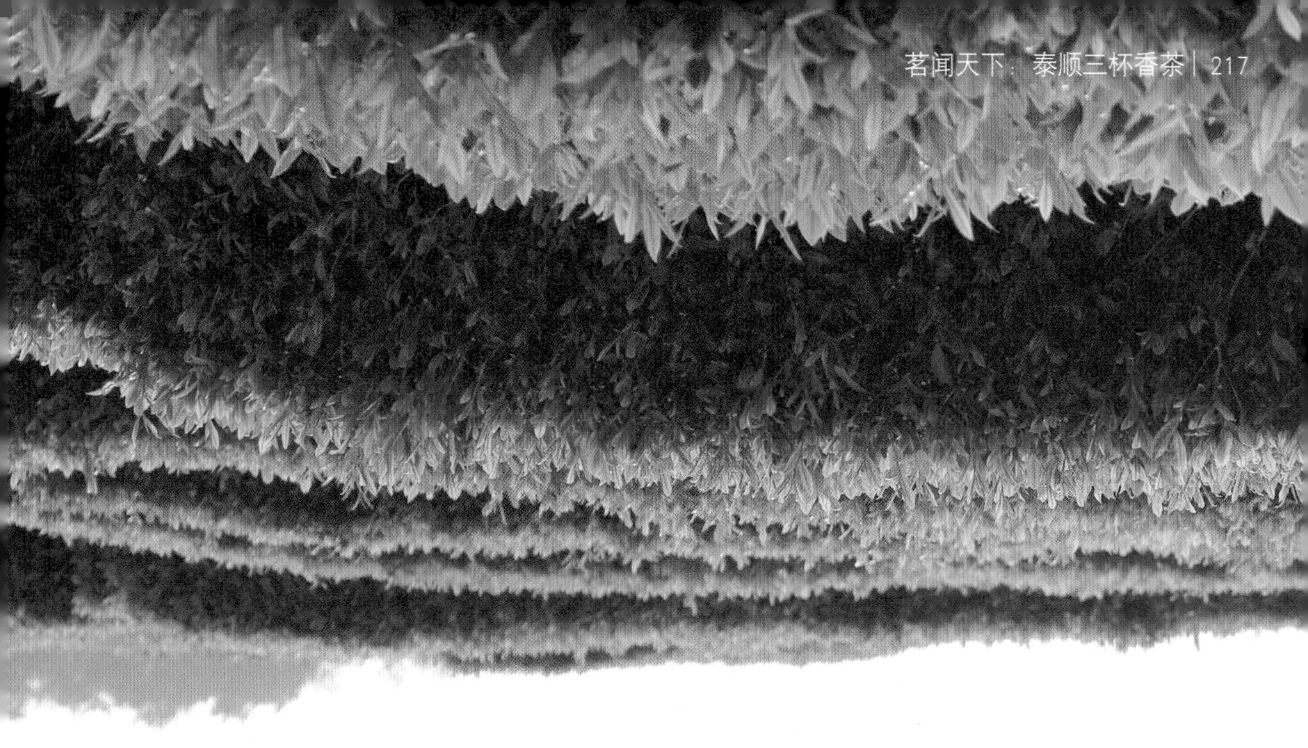

画意里驻足停留。爱上泰顺啊，爱上它那绿色的厚重底蕴，爱上它那如诗如画的大美山水，爱上被这诗画山水宠溺着长大的一枚枚“三杯香”茶叶。

放眼这泰顺的山野，你会发现，一个个的茶园、一株株的茶树，是这泰顺大地上最厚重的底蕴，也是这里“醉美”的风光，铺展与描绘出绿水青山的生态画卷，一声声的鸟鸣，歌咏着这里的风光如画，一望无际的茶园和茶树，在这泰顺的高高低低间起起伏伏，将一望无际的郁郁葱葱的青碧，一泄如注地倾泻。于是，一簇簇、一片片，一望无际，在你的目光和心灵里，一次次地汹涌澎湃。

扎下自己的根须，一株株的茶树，一行行，一排排，一片片，参差错落，井然有序，它们用自己别致的曲线，勾勒出这泰顺的生态大美。是啊，绿色的底蕴，描绘出这泰顺的锦绣山河，也成就这泰顺的旖旎风光。你看，一个个慕名而来的游人，在这泰顺的诗情画意里，多像是一只只自由自在的飞鸟儿，或是一缕缕轻松自由的风，或是一株株的茶树，在这里扎下自己的根须，在这泰顺的山水风景和绿色底蕴里生活，即使是简简单单的一呼一吸，也会有着如饮美酒般的迷离与沉醉，多美！

一枚枚的“三杯香”茶叶，在这泰顺大地上，汲取土壤的水分养料，沐浴自然的阳光雨露，于悄无声息之中，将这泰顺的天地精华和日月灵气都集于一身，成就“三杯香”茶舌尖上的风雅和骨子里的健康营养。早在千百年前的大唐王朝，一个名叫陆羽的人写下一本传世的经典巨著《茶经》，其中就对这茶的方方面面做了全面的阐述和记载。在中国，茶不仅仅是一种饮品，更是一种礼仪，一种文化，一种历史的别样承载者，那茶马古道的历史，不就是一个醉美的见证吗？

第一次遇见这“三杯香”茶，我的一颗心就轻易地被它给“俘虏”了，饮下一小口，甜香，甘醇，味美，回甘，在喉咙里浸润，在唇齿间留香。是的，这看似轻飘飘的若有若无的香味儿，似乎瞬间就烟

消云散了，但实则不然，这种味道会像一枚独特的胎记一样，和这“三杯香”茶的名字一样，刻印在你的心灵之上。从此，不管何时何地，提起这“三杯香”茶的名字，这种“三杯香”茶香的味道就会丝丝缕缕地把你缠绕。

平日里，为工作，为梦想，为生计，我们总是在不停地忙忙碌碌，能在这一杯茶水的时光里享受一会儿难能可贵的缓慢与轻松，着实不易。在这“三杯香”茶香为你打造出的意境里，获得一种宁静，一份悠然，一丝感悟，这也算是品茶的最高境界了。有时，短暂的休憩，并不是堕落或不求上进，而是为了在短暂的休养生息之后，更好地上路。

泰顺啊，山清水秀，人杰地灵，物华天宝，擦亮自己那宜居、宜业、宜商、宜游的闪亮名片，闯出来的是一条适合自己的道路。是啊，只要给一枚枚“三杯香”茶叶，插上一双双梦想的羽翼，它们也能驮载着泰顺人民的梦想，展翅高飞。

“三杯香”用自己的经典品质，擦亮自己的金字招牌，在口口相传的美好里，成就自己的有口皆碑，用自己品牌的大笔，蘸着自己茶香的墨，在这泰顺的新时代的乡村振兴里，继续书写下辉煌的一章……

这泰顺“三杯香”茶香也能醉人，那么何需用酒呢？那些被茶香灌醉的人，心中都怀揣着一个别样的世界，或一处别致的江湖……

茶。香芽，嫩叶

文 / 盛志贤

“豆蔻连梢煎熟水，莫分茶。枕上诗书闲处好，门前风景雨来佳。”

外面是绵绵不断的秋雨，屋内是醇香甘甜的“三杯香”，一边品茶，一边听雨，随意翻开一本书，好不惬意。

一片片茶叶，在水中翩跹起舞，如同一个个精灵在水中游走；一缕缕茶香，在舌尖满口生香，好似一朵朵鲜花在口中绽放。

不多久，满屋茶香四溢，引来了爱喝茶的老爸。老爸素常爱喝毛尖，今天闻着味儿有些不同，问我喝的什么，我说朋友送的“三杯香”，说话工夫给老爸倒了一杯。

老爸轻轻端起水杯，围着杯口吹了一圈，抿了一口，笑呵呵地说：“不错不错。”于是乎，我们父女二人，悠闲地坐在窗前慢慢品起茶来。

我们听说过茶道，古时是上等人闲暇享受的标配，工序复杂颇为讲究。我们脑中甚至会出现一幅画面：在一间古香雅致的房间里，两位身着白袍的君子席地而坐，从容淡定地下着围棋，只见白子、黑子错落而至，时而发出棋子碰触棋盘的声音。旁边一位梳着高高发髻的美女摆弄着手里的茶具，把茶水从一个杯子里倒到了另一个杯子里，安静地在为他们沏茶……

而茶农采茶的景象与之比起来似乎平凡庸俗了很多，怎么也无法与雅致或者精致联想起来，但其实，茶农更需讲究，毕竟茶叶选不好，茶道技术再好也无用。

茶叶每年春、夏、秋季皆可采摘，唯春季最佳。“早采三天是宝，迟采三天是草”，茶叶要适时采摘，不误茶事。这和学习是一个道理，朱熹说得好：“少年易学老难成，一寸光阴不可轻。”我时常感慨，自己年龄越大记性越差，年轻时也没有做出一番事业，到了中年碌碌无为，连同儿时的梦想一起消失在人海中。如今想学点什么总觉得很吃力，可惜没有时光机也没有后悔药。每当我看到孩子们为了玩耍或者所谓的个性放弃学业的时候，都忍不住要去规劝一番。

人生就像这茶叶，早采、晚采听起来好像没区别，但是价值却差距很大。朋友曾说过，采茶需选晴天，但是如果到时候了，下着雨也得采。

采茶只采初萌发的肥嫩芽尖或者初展的一芽一叶、一芽二叶，而且芽长于叶，叶

片狭长，形如“瓜米”者为佳。这也是茶叶价格贵的原因之一，不像萝卜，拔出来只管吃就好了，所以萝卜卖不出茶叶的价格。

对于茶农来讲还需适当留养才能保持茶树旺盛生长。就像我们的社会发展，要走可持续路线；也像人生，不可贪图一时之利不做长远打算。

春、秋茶留鱼叶，夏茶留一叶，这种留叶方法的结果是产量高、品质好、经济效益好，树势能保持长期稳产，能提高茶树的抵抗能力。其中幼龄茶树，以培养树冠为目的，应以养为主，以采为辅，适当打顶采摘；投产茶园采摘，以采为主，以养为辅，多采少留，采养结合。我们喝的是从老茶树上采的，营养上可能比新茶树略差一些，但是茶汤颜色更深一些，口感在香甜之后有一丝苦味儿，茶的香气在唇齿间仿佛发生了神奇的魔法反应，久久回味。

老爸或许觉得太安静了，突然问：“人们是从什么时候开始喝茶的？”

我笑了笑：“你问对人了。”

于是乎，我打开了话匣子……

茶圣陆羽在其所著的《茶经》中有“茶之为饮，发乎神农氏”的记载，传说神农尝百草，一日遇七十二毒，得茶而解之。还有一些学者认为是远古先民经历了长期的农耕实践发现了茶。往事太过久远，还真不好去细究。

全国普及喝茶则是唐代茶圣陆羽之后。陆羽本是孤儿，性格怪僻，不喜欢功名利禄，在自己的茅屋里专心研究茶艺，撰《茶经》三卷，对茶的性状、品质、产地、种植、采制、烹饮、器具等皆有论述。那时长江以南的地区多饮茶，北方人鄙之，真的接触了茶饮之后就被折服了。唐朝中期已出现专门的茶肆，到了宋朝已经普及到民间，各种茶馆、茶楼可以在街头轻易地被找到，饮茶之风盛行。

从我有记忆开始，父母就爱饮茶，家里的饮水就是茶。茶叶并非老年人的专属，越来越多的年轻人也喜欢饮茶。

老爸突然又问我："这茶是什么茶？"

"泰顺'三杯香'。"

"不错，点个赞！"

我和父亲都笑了起来，窗外不知何时，雨停。

品味“三杯香”茶

文 / 龚远峰

在泰顺读茶，从一株株青绿丰硕的茶树上，从一枚枚温润莹泽的叶片上，读出的是山峰的雄峻，土质的肥沃；读出的是雾气的浓重，雨露的丰沛；读出的是阳光的充足，空气的湿润……

泰顺“三杯香”茶，汤色浓重，款款走入你的内心，时光慢慢地倒流，一幅幅春意盎然的图画呈现在你的面前，令你回味无穷。

茶道自古以来都是文人骚客津津乐道的主题，追溯其起源就有很多种说法，不一而足。茶作为一种具有止咳、治咳、清神、明目等功效的绿色饮品，以其独有的魅力纵横千年，征服了整个中国乃至于世界的人们，而从其发展而成的茶道，则是以茶为载体，通过文化的发展传播和一定的社会规则的洗礼酝酿而成的生活礼仪，一种提倡和谐自然的生活品位的精神概念。

在九山半水半分田的泰顺，遍布的茶园在山林的环绕下如星星点点的湖泊，那依地势而植的一行行茶树就是水面漾出的涟漪，用青碧、秀逸、婉妙的风姿迎迓心系泰顺“三杯香”茶的茶客，演绎着泰顺茶的传奇和意蕴。

茶遍布了我们生活的方方面面，茶道所提倡的精神更是贯彻了社会各个阶层，从古至今，不外如是。若论及茶对整个社会的影响力，不得不说，它已经彻底地融入其间，密不可分，吃茶的艺术、沏茶的功夫、赏茶的品味。鉴赏从最开始

的上层贵族的专利到如今的全民饮茶，饮茶风的盛行更是将茶文化的发展推向了高峰。由茶及人，茶深入融合人们生活就是集中体现于待客之道、敬茶之礼上。客人来访，再是清贫的人家总是有一杯清茶奉上，此时的茶代表的是主人对客人的殷切招待和热情之心。与友共欢饮茶，这就是其待客之道。

杀青、做形、初烘、摊放、足火、复火，形备而神至，汁逸而香凝。一枚枚叶芽在茶师的精心呵护下，成“银针”，成“雀舌”，成“梅花片”，成“兰花头”……通体嫩绿，绒毫纷披，匀齐成朵，清香漫溢。“三杯香”茶，就从这鲜醇浓厚的香里走上迢迢的山高水长。

宋代诗人杜耒曾有诗云：“寒夜客来茶当酒，竹炉汤沸火初红。”拜师敬茶，也属于此范围内，表达的是弟子对老师的尊敬之心和崇敬之意。而新媳妇进门，也是要向公婆敬上一杯茶，表其尊敬之意。茶不自觉间就推动了社会行为的变化，茶道大行。

古人曾有过煮酒论英雄的豪情，也曾有过铸就红泥小火炉的清雅，而我们，并不需要刻意地追寻什么人间第二泉，只需忙里偷闲品一盏泰顺清茶，休论人间是非罢了。

灯影朦胧，人与一杯茶对坐，耳畔似有梵音响起。闲品香茗，在袅袅的茶香里参禅，参悟生命的禅机与大美。

开阔的茶园里，山上山下漫山遍野的茶树，像剧院里排椅般横向铺陈着，垄与垄之间保持着适当的距离，依山势而起伏，向上与山顶的青竹老树相连相映，划一却不呆板，优美且壮观。远望着，茶树低矮伏地，青芽茸茸，走近了才发现都高齐腰间，茶冠上隔年的旧枝叶被修剪的残缺成全了总体效果的齐整。

“三杯香”茶汤浓黄，贮一杯浓浓的春意。杯中叶片，或沉或悬，或上下浮动，静雅似菩萨玉瓶中斜倚的柳枝，轻灵如飞天起舞时临风的丝带，用超逸、禅趣、疏放的美给泰顺淳美的山水作注，诠释着生命的风度和韵致。

品一口盛世茶香，道一声泰顺好茶。品色、品香、品生命历程的佛缘与禅境，情思旷达，内心静远。那么你是否已感到了人生的美妙？

图书在版编目（CIP）数据

茗闻天下 ：泰顺三杯香茶 / 苏志利主编. -- 杭州 ：西泠印社出版社，2023.3
ISBN 978-7-5508-4055-3

Ⅰ. ①茗… Ⅱ. ①苏… Ⅲ. ①茶文化—泰顺县 Ⅳ. ①TS971.21

中国国家版本馆CIP数据核字(2023)第035458号

茗闻天下：泰顺三杯香茶

苏志利 主编

责任编辑 伍 佳 徐挺屹
责任出版 冯斌强
责任校对 应俏婷
出版发行 西泠印社出版社
（杭州市西湖文化广场32号5楼 邮政编码 310014）
经 销 全国新华书店
制 版 杭州和厚堂文化创意有限公司
印 刷 杭州富春印务有限公司
开 本 787mm×1092mm 1/16
印 张 14.75
字 数 290千字
印 数 0001—5000
书 号 ISBN 978-7-5508-4055-3
版 次 2023年3月第1版 第1次印刷
定 价 68.00元

西泠印社出版社发行部联系方式：（0571） 87243079